W0256424

Verständliche Wissenschaft

Achtundvierzigster Band

Das Nordpolargebiet

Von

Leonid Breitfuss

Springer-Verlag Berlin Heidelberg GmbH · 1 9 4 3

Das Nordpolargebiet

Seine Natur, Bedeutung und Erforschung

Von

Dr. Leonid Breitfuss

Berlin

Mit 59 Abbildungen
und 2 Tafeln

Springer-Verlag Berlin Heidelberg GmbH · 1943

ISBN 978-3-642-89070-3   ISBN 978-3-642-90926-9 (eBook)
DOI 10.1007/978-3-642-90926-9

Vorwort.

In dankenswerter Weise gab der Herausgeber dieser Sammlung die Anregung, Natur, Lebewesen und Stand der Erforschung
des Nordpolargebiets und sogleich seine politische und wirtschaftliche Bedeutung zu schildern.

Bei dem großen Interesse, das heutzutage der Polarforschung
im allgemeinen entgegengebracht wird, entschloß ich mich,
an diese Aufgabe heranzugehen. Ich bemühte mich, in dem
engeren Rahmen dieser Buchreihe aus dem umfangreichen und
mannigfaltigen Schatze wissenschaftlicher und praktischer
Erfahrungen über die Arktis, die uns heute zur Verfügung
stehen, möglichst viel unterzubringen.

Ich wage zu hoffen, daß das vorliegende Büchlein trotz der
Kürze der Darstellung zur Anregung für weitere Studien dieses
hochinteressanten Gebiets unseres Erdballs beitragen wird.

Berlin, im Herbst 1942.

L. Breitfuss.

Inhaltsverzeichnis.

Anhang: Tafel I. Karte des Golfstrom- und Polarstromsystems.
Tafel II. Farbige Karte der Arktis und angrenzender Länder.

I. Einleitung.

Das Nordpolargebiet pflegt man als *Arktis* zu bezeichnen.
Der Begriff *Arktis* stammt vom Himmelsgewölbe. Die alten
Griechen stellten nämlich fest, daß einige Sternbilder, wie der
Große Bär, den sie „*Arktos*" nannten, nicht untergehen, son-
dern um einen festen Punkt am Himmel — den Pol — in ihrem
täglichen Lauf Kreisbahnen beschreiben. Sie zogen einen Kreis
durch das Sternbild des Großen Bären — als Grenze der immer
sichtbaren Sterne — und nannten ihn den Bären- oder Arktischen
Kreis. So entstand der Name Arktis und, als sein Antipode, die
Antarktis (das Südpolargebiet).

Das arktische oder das Nordpolargebiet besteht zum größten Teil aus tiefem Gewässer, das mit schwimmendem Eis bedeckt ist, und aus Landmassen, die entweder hochgelegene
kalte Eiswüsten darstellen, wo Schnee, Firn, Eis und Fels-
boden vorherrschend sind, oder Tundren, meist sumpfige, mit
Moos und Flechten bedeckte Räume mit Eisboden, wo es an
besonders durch Bodenbeschaffenheit, Sonnenstrahlung und
Schutz vor Winden begünstigten Stellen Oasen mit zeitweise
verhältnismäßig farbenreicher und üppiger Vegetation gibt.
In physikalischer und biologischer Hinsicht stellt dieses Gebiet im allgemeinen eine einheitliche Welt dar; es weist aber
wegen seiner geographischen Lage viele Eigentümlichkeiten
auf. Innerhalb des Nordpolarmeeres liegt der geographische
Pol und an der nordkanadischen Küste, 2220 km davon entfernt (unter 70° 30′ n. Br. und 97° 40′ w. L.), der magnetische
Pol. Die Nähe dieser beiden Punkte macht unsere üblichen In-
strumente zur Innehaltung eines bestimmten Kurses im Polargebiet wenig zuverlässig. So versagt der Magnetkompaß in der
Nähe des Magnetpoles wegen der Kleinheit der Horizontal-
intensität, der Kreiselkompaß in der Nähe des geographischen

Poles, weil seine Richtkraft mit wachsender Breite bis Null abnimmt. Die Nähe des magnetischen Poles ist auch sehr wichtig für die Phänomene des Polarlichtes, der Luftelektrizität u. a. m. In hohen Breiten finden auch geophysikalische Erscheinungen statt, die auf sämtliche klimatischen und biologischen Vorgänge einen ausschlaggebenden Einfluß ausüben, wie z. B. monatelanger Ausfall bzw. Vorkommen von unausgesetzter Sonnenbestrahlung.

Jenseits des Polarkreises (66° 3o′ n. Br.) wird die Einteilung des Jahres weit schärfer als in den anderen Zonen durch extreme Schwankungen der Beleuchtung bedingt.

Die Anzahl der Tage resp. Nächte, die auf die vier Jahreszeiten fallen, ändert sich, je weiter wir uns polwärts bewegen. Am Pol wird der Tag- und Nachtwechsel nur zweimal im Jahre stattfinden: am 21. März und am 23. September; während der übrigen 363 Tage herrscht dort entweder Tag oder Nacht. Ein ganzes Jahr verläuft am Pol wie bei uns ein Tag! Hierzu ist zu bemerken, daß durch die Hebung des Sonnenbildes infolge der atmosphärischen Strahlenbrechung bei Sonnenauf- und -untergang durch die Dämmerungserscheinung eine Verlängerung des Tages eintritt. Die Dämmerung herrscht solange die Sonne nicht tiefer als 7° unter dem Horizont steht. Der Gang der Sonne am Pol ist folgender: Nach halbjähriger Nacht zeigt sich die Sonne am 21. März zum erstenmal am Horizont, und von dieser Zeit läuft sie ein halbes Jahr lang als ein zirkumpolares Gestirn längs einer Spiralbahn entlang, bis sie am 21. Juni eine Höhe von 23° 3o′ erreicht. Von da ab beginnt sie, von Tag zu Tag sinkend, bis zum 22. September sichtbar zu laufen. An diesem Tage scheint sie aber zum letztenmal vor dem Beginn der Polarnacht. Da die Höhe der Sonne während eines Tages sich wenig ändert, behalten die Schatten der Gegenstände den ganzen Tag fast die gleiche Länge.

Wie bekannt, bewegt sich die Erde um die Sonne schneller in der Sonnennähe (im *Perihel*), wo sie zu Anfang Januar, und langsamer in der Sonnenferne (im *Aphel*), wo sie zu Ende Juni steht. Deshalb sind die Bestrahlungsverhältnisse in der Arktis und Antarktis nicht die gleichen, und der Frühling und Sommer in der ersteren etwas länger als der Herbst und Winter, und umgekehrt in der letzteren. Während am Nordpol die Nacht 179 Tage dauert, dauert sie am Südpol sogar 186 Tage.

Gleich der scheinbaren Bahn der Sonne verläuft auch die scheinbare Mondbahn in höheren Breiten anders als in den niederen. Infolge der wechselnden Deklination des Mondes gibt es entsprechend der Breite, in manchen Jahren sogar ab 61° 17′ Breite polwärts, monatlich ein ununterbrochenes Mondscheinen bis zu einer Länge von 14 Tagen (am Pol). Im Winter ersetzen diese „Mondnächte" die fehlende Sonne. Somit liegt unter 61° 17′ nördl. bzw. südl. Breite je ein *Mondpolarkreis*.

Zu den physikalischen Eigentümlichkeiten der Polargebiete gehören auch die Erscheinungen, die von der *Ablenkungskraft* infolge der *Erdrotation,* d. h. des Umschwungs der Erde von West nach Ost (der sog. *Coriolis-Kraft*) hervorgerufen werden, die ständig mit der geographischen Breite zunehmen und an den Polen ihre maximale Wirkung erreichen. Diese Coriolis-Kraft lenkt jeden auf der Erdoberfläche sich frei fortbewegenden Körper, gleichviel in welcher Richtung — auch wenn die Richtung eine genau ostwestliche ist — er sich ursprünglich bewegt, auf der nördlichen Halbkugel nach rechts, auf der südlichen nach links ab. Die Ablenkung ist um so größer, je größer die Fortbewegungsgeschwindigkeit des Körpers ist. Somit werden Winde, Meeres- und Gezeitenströmungen sowie Flüsse, Schiffe, Luftfahrzeuge, Eisenbahnzüge[1]), Artilleriegeschosse usw. in der Nähe der Pole stärker als sonst von ihren Bahnen abgelenkt.

Infolge der *Abplattung* der Erdkugel ist die Entfernung zwischen dem Erdmittelpunkt und dem Nordpol um 21,5 km geringer als zwischen dem Erdmittelpunkt und einem beliebigen Punkt am Äquator, und somit ergibt es sich, daß, je mehr man sich dem Pol nähert, alles um so schwerer wird, auch das Eigengewicht nimmt zu, und zwar am Pol um 1%, z. B. um 1 Pfund pro Zentner.

---

[1]) Da in diesem Falle die Züge bald nach einer, bald nach der anderen Richtung fahren, findet eine Abnutzung bald des einen, bald des anderen Schienenstranges statt.

Man erlebt viel Merkwürdiges am Pol; so bereitet hier z. B. die Bestimmung der Himmelsrichtungen gewisse Schwierigkeiten. Nähert man sich dem Pol, so fährt man nur so lange nordwärts, bis der Pol überschritten ist, dann geht es, ohne die Fahrtrichtung geändert zu haben, südwärts. Vom Pol aus hat man nur eine Richtung – die nach Süden. Am Nordpol weht auch nur ein einziger Wind – der Südwind.

Mit der Zeit kommt man am Pol ebenfalls in ständige Konflikte: die richtige Ortszeit hat man nur, wenn man sich streng nach der Sonne richtet. Macht man eine Wendung nach links oder rechts, und sei es nur um einen Längengrad, so geht die Uhr um 4 Minuten (am Nordpol) vor oder nach.

Auch auf dem Gebiete der *Biologie* gibt es viel Sonderbares zu verzeichnen, vor allem in bezug auf die Physiologie und Ökologie der pflanzlichen und tierischen Organismen.

Für uns, die nächsten Nachbarn der Arktis, ist die letztere von ganz besonders weitgehender Bedeutung, und zwar nicht nur aus „akademischem Interesse" an der Erforschung der noch vorhandenen „weißen Flecke" (Abb. 1) und vieler Eigentümlichkeiten in der Polarwelt, sondern vorwiegend wegen rein praktischer Ziele der Weltwirtschaft und der Weltpolitik.

Hier finden wir ein überreiches Arbeitsfeld für viele angewandte Wissenschaften. Man denke nur an die Vorgänge in unserer atmosphärischen Zirkulation, die in engstem Zusammenhang mit den in der Innerarktis vorhandenen Kältevorräten stehen und den größten Einfluß auf unsere Witterung ausüben. Die dort errichteten Wetterstationen senden uns durch Radio die maßgebenden Unterlagen für die Vorhersage der zu erwartenden Stürme, Kälteeinbrüche und anderen Witterungsveränderungen, die sich auf die Seefahrt, den Luftverkehr, die Seefischerei, die Landwirtschaft u. a. m. in hohem Maße auswirken. Auch die Vorgänge in den Wassermassen des Polarbeckens, das nur eine Bucht des Atlantik ist, und zwar der Austausch zwischen dem warmen atlantischen und dem kalten mit Eisfeldern bedeckten Polarwasser, üben einen starken Einfluß auf unser Klima aus. Ferner ist für uns die Arktis nicht allein durch ihre Naturkräfte von großem Interesse, sondern auch durch ihren Reichtum an Nahrungsmitteln und Rohstoffen, und zwar an Wal-, Robben- und Fischgründen, sowie durch ihren Reichtum an Bodenschätzen — Kohle, Erzlager und Vorkommen von anderen Metallen und Erdöl.

Der Golfstrom bewirkt, daß ein großer Teil der Arktis nicht zu einem fest zugefrorenen Eismeer wird, sondern, vorwiegend in seinem eurasiatischen Küstenteil, während des Sommers ein für die Schiffahrt zugängliches und für den

Fisch- und Tierfang geeignetes Gewässer ist; die südwestliche
Hälfte der Barents-See wird durch diesen Faktor sogar im
Winter eisfrei; im Zentralbecken werden im Sommer bedeutende Eismassen durch die Sonnenwärme zum Tauen gebracht
und viel freies Wasser geschafft (Waken). Nur in der Kanadischen Straßen-See, wo wenige große Flüsse und kein Golfstrom vorhanden sind, ist die Schiffahrt durch das Eis sehr erschwert und zum Teil gar nicht möglich.

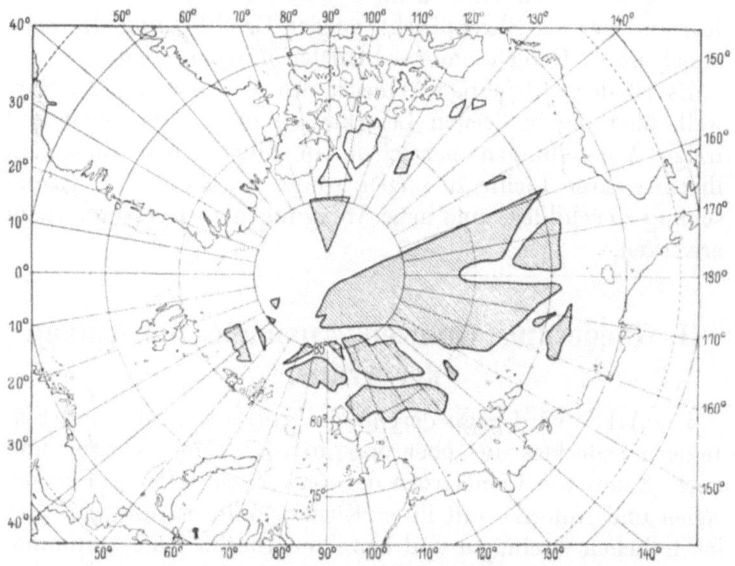

Abb. 1. Gebiete (schraffiert), die weder durchfahren noch überflogen sind.

Durch ihre zentrale geographische Lage und besonders
wegen ihrer Eiswüstennatur kommt die Arktis als Raum für
den Luftverkehr zwischen der Alten und Neuen Welt zur
größten Geltung; desgleichen kommt sie wegen ihres tiefen
und klippenfreien Zentralwasserbeckens teilweise auch für
einen künftigen Verkehr mit Unterseefahrzeugen in Betracht.

Die Polarwelt, die sowohl Wissenschaft als auch Wirtschaft
in hohem Maße interessiert, ist in der letzten Zeit nicht umsonst in das Blickfeld der Völker und Staaten gerückt worden; es ist unverkennbar ein Zug der Zivilisation nach dem

Norden und nach dem Süden, und es macht sich daher ein starkes Streben bemerkbar, die Polargebiete der beiden Kalotten in den Haushalt der Weltwirtschaft hineinzuziehen.

Die Polarreisen haben nicht zuletzt auch eine sehr große erzieherische und sportliche Bedeutung: sie fördern und kräftigen Mut, Beharrlichkeit, Selbstzucht und Selbstvertrauen, machen erfinderisch und zwingen, Wagnissen die Stirn zu bieten; sie sind somit geeignet, den Geist wahren Wikingertums zu entwickeln. Endlich erscheint es für alle Kulturvölker als Ehrenpflicht, an der Erschließung der noch unbekannten Gebiete unseres Planeten mitzuarbeiten.

Es ist der aufrichtige Wunsch des Verfassers, die Polarwelt, über die in breiten Leserkreisen oft Unwissenheit und irrige Vorstellungen herrschen, in allgemeinen Zügen in ihrem wahren Lichte zu zeigen, sowie den Gang ihrer Erforschung zu schildern und neue Anregungen zu Forschungen zu erwecken.

II. Gliederung, Grenzen, Ausmaße und Aufbau der Arktis.

Die Arktis wird gegliedert in ein großes zentrales, mit Eisfeldern bedecktes, bis über 5000 m tiefes Meeresbecken und einen Kranz von Landkernen der nördlichen Teile von Europa, Asien und Amerika mit ihren Küstengewässern und den hier befindlichen Archipeln und einzelnen Inseln. Eine bestimmte Grenze für das arktische Gebiet läßt sich nicht feststellen. Am einfachsten wäre es, den *Polarkreis* als Südgrenze zu wählen, geographisch aber wäre eine solche astronomische Einteilung wenig befriedigend, da die klimatischen Verhältnisse durchaus nicht den Breitengraden folgen. Es müßte sonst schon Nordskandinavien, wo es Getreidebau gibt und noch Gerste reift, sowie die nichtfrierenden Häfen an der Murmanküste zum arktischen Bereich gezählt werden, während Südgrönland mit seinen mächtigen Gletschern, das kanadische Barren Grounds[1])

---

[1]) *Barren Grounds* bedeutet in russischer und in unserer Sprache *Tundra*, ein waldloses mit Moos, oft auch mit Unterholz bewachsenes trockenes oder sumpfiges Gebiet im Norden.

und die kalten Hudsonbaigebiete außerhalb dieser Zone liegen würden. Auch den Frostboden als Grenze zu wählen, die einigermaßen mit der $\pm 0°$ *Jahresisotherme* der Luft zusammenfällt, wäre hier schlecht angebracht, da auf dem Frostboden in einem großen Teil Sibiriens Riesennadelwälder und selbst Getreidefelder vorhanden sind. Eine weit bessere *Begrenzung der Arktis* bietet die klimatische Grenze, nämlich die $+10°$ *Juli-Isotherme* der Luft (des wärmsten Monats). Mit dieser Grenze fällt die Scheide zwischen Wald und Tundra im großen und ganzen gut zusammen. Durch diese Begrenzung des Nordpolargebietes, die von den meisten Geographen angenommen wird, fallen in den Bereich der eigentlichen Arktis das ganze Zentralwasserbecken mit seinen Randseen, die auf den Kontinentalstufen aufgebauten Inseln und Inselgruppen und von den Landmassen — ein verhältnismäßig schmaler Streifen von Nordeuropa, Sibirien und Alaska, dagegen aber ein großer Teil Nordostkanadas, das ganze Grönland mit dem Baffin-Meer und der nördliche Teil Islands. Auch das Bering-Meer fällt noch in dieses Areal. Das Ochotskische Meer, obgleich es außerhalb dieses Areals liegt, muß wegen seiner hochpolaren klimatischen und ozeanographischen Eigenschaften noch zur Polarwelt zugerechnet werden.

Hier muß bemerkt werden, daß die klimatische Grenze im allgemeinen auch das Verbreitungsareal der an der Oberfläche der Erde lebenden polaren Pflanzen- und Tierformen in sich einschließt. Was die Grenze der in der Hydrosphäre lebenden Organismen, also der marinen Pflanzen und Tiere, anbetrifft, so verläuft diese, wie es weiter gezeigt wird (s. S. 61), im Bereiche der Polargewässer infolge der Einflüsse von warmem atlantischen und pazifischen Wasser etwas anders.

Die Fläche der in unserem Sinne angenommenen arktischen Gebiete beträgt insgesamt 26,4 Mill. qkm, gegenüber 21,2 Mill. qkm des durch den Polarkreis begrenzten Areals. Von diesen 26,4 Mill. qkm entfallen auf *Land und Inseln 7,9 Mill. qkm* oder 30% und auf *Wasser 18,5 Mill. qkm* oder 70%.

Tabelle 1.

Im einzelnen wird das *Landgebiet der Arktis* in folgende Teile untergliedert:

Grönland	2 175 600 qkm
Eurasiatischer Teil . . . . rund	2 000 000 ,,
Amerikanischer Teil	1 813 000 ,,
Kanadischer Archipel	800 000 ,,
Baffin-Land	611 000 ,,
Ellesmere-Land	200 000 ,,
Russische Inseln (ohne Franz Joseph-Land) .	181 162 ,,
Svalbard (Spitzbergen und Bären-Inseln) . .	65 900 ,,
Island (¼ davon)	25 000 ,,
Franz Joseph-Land	19 930 ,,
Jan Mayen	372 ,,

Zusammen 7 891 964
oder rund 7,9 Mill. qkm.

Die *Arktis* ist reich an Inseln. Es gehören hierher: der nördliche Teil *Islands, Jan Mayen, Svalbard (Spitzbergen, Bären-* und *Hope-Insel), Franz Joseph-Land, Kolgujew-Insel, Nowaja Semlja, Waigatsch, Belyj-, Dickson-, Einsamkeit-, Wiese-* und viele anderen *Inseln* in der Westsibirischen See, ferner liegen weiter ostwärts: *Nikolaus II.-Land (Sewernaja Semlja)*, die *Neu-Sibirischen* und die *Ljachow-Inseln*, die *De Long-Inseln*[1]), die *Bären-Inseln*, die *Wrangel-* und die *Herald-Insel*, in der Bering-Straße: die *Diomedes-Inseln*, und im Bering-Meer: die *St. Lorenz-, Nunivak-, St. Matthäus-Insel*, sowie die *Pribylow-* und *Kommandor-Inseln;* auf der amerikanischen Kontinentalstufe liegen die kleinen Inseln *Takpuk* und *Herschel*, ferner, eng zusammen: *Banks-Land*, die *Viktoria-Insel*, die *Boothia-Gruppe*, der *Parry-* und *Sverdrup-Archipel, Nord-Devon, Ellesmere-Land* und *Baffin-Land*, ferner die größte Insel der Welt, das *Grönland*, und eine Reihe von Inseln in der Hudson-See.

Wie schon erwähnt, nimmt hier der geographische Pol keine zentrale Lage ein, ebensowenig der magnetische Pol, der an der Westküste der Boothia-Halbinsel unter 70° 30′ n. Br. und 97° 40′ westl. Länge liegt.

Das gesamte arktische Gebiet wird teils von alten, schon *präkambrisch* gefalteten Massiven, teils von älteren Gebirgszügen des *Paläozoikums* und weniger von jüngeren Gebilden des *Meso-Känozoikums* aufgebaut. Der Bau des eurasiatischen Abschnitts ist ziemlich mannigfaltig, hier finden sich zwei Bildungen, nämlich *Fennoskandia* mit der *Russischen Tafel* und die zwischen Jenissei und Lena gelegene *Mittelsibirische Tafel*. Sie bestehen aus Gesteinen, die schon vor dem Beginn des *Kambriums* gefaltet und stark metamorphosiert[2]) wurden, während alle jüngeren Schichten fast ungestört

---

[1]) Es gehören hierher die Inseln: *Jeannette, Henriette, Bennett, Shochow* und *General Wilkitzki*.

[2]) Bedeutet in der Geologie Umgestaltung oder Umbildung eines abgelagerten Gesteins in ein anderes durch Einwirkung von Luft, Wasser, Kohlensäure oder auch Verwitterung usw.

daraufliegen. Die Russische Tafel soll, laut neueren Angaben, keilförmig
bis zur Breite von Spitzbergen reichen. Das alte Massiv Fennoskandia wird
in seinem westlichen Teil von dem *altpaläozoischen Kaledonischen* Gebirgs-
zug gebildet, der von Nordirland über Schottland, Orkney- und Shetlands-
Inseln nach Skandinavien hinüberreicht und seine Fortsetzung über Bären-
Insel und West-Spitzbergen in Nord- und Ost-Grönland, Ostgrantland und
Grinelland findet. Zwischen der Russischen und Mittelsibirischen Tafel liegt
ein ausgedehntes *variszisches* Gebirgsland, welches als Nord-Ural mit seiner
Fortsetzung auf Nowaja Semlja und als Byrranga-Gebirge auf der Halb-
insel Tajmyr mit seiner Fortsetzung über Kap Tscheljuskin auf Sewernaja
Semlja endet. Östlich der Mittelsibirischen Tafel, im Werchojansk-Gebiet,
sollen *mesozoische* Faltenzüge weitverbreitet sein. Endlich, im Anadyr-
Gebiet und auf der Kamtschatka-Halbinsel, treten riesige jüngere *tertiäre*
Gebirgszüge auf.

Der amerikanische Teil wird vor allem von dem ausgedehnten *präkambri-
schen Kanadischen Schild* eingenommen, der den nordöstlichen Teil Kanadas
und den weit größten Teil Grönlands umfaßt. Im nordwestlichen Teil Amerikas treten jüngere, *mesokänozoische* Gebirgszüge — die Kordilleren auf.
Über die Querverbindungen, die zu verschiedenen geologischen Perioden im
Bereich der Arktis existiert haben sollen, weiß man noch wenig. Die Annahme, daß sich die *mesokänozoischen* Faltenzüge von Nordost-Asien und
von Nordwest-Amerika aus nach dem Nordpol fortsetzen, ist heute kaum
haltbar. Dagegen sprechen viele Angaben dafür, daß von Sibirien zwei
präkambrische Landgebiete, nämlich die *Tschuktschenmasse* im Osten und
die *Karaseemasse* im Westen existiert haben müssen, die jetzt nicht mehr
nachweisbar sind. Heute sind von ihnen nur geringe Reste in einem Teil
der Neusibirischen- und De Long-Inseln erhalten geblieben.

Gletscher von größeren Ausmaßen werden, außer auf Grön-
land und Island, auf Ellesmere-Land, Norddevon, Axel-Heiberg-
Land und Baffin-Land sowie auf Spitzbergen, Franz Joseph-
Land, Nowaja Semlja, Sewernaja Semlja, auf den De Long-
Inseln und der Wrangel-Insel vorgefunden, aber mit wenigen
Ausnahmen gibt es dort auch einige Streifen Tiefland mit
Tundra, auf denen im Sommer eine mehr oder weniger
üppige Vegetation angetroffen wird. In Nordalaska gibt es
keine Gletscher.

Es ist noch auf eine sonderbare, nicht restlos gedeutete
geologische Erscheinung am Boden hinzuweisen. Nämlich infolge mehrmaligen Einfrierens und Auftauens des Wassers
im Boden mit Gesteinstrümmern tritt eine Erscheinung von
Bodenfluß ein, bei der eine Sortierung der Gesteinstrümmer
in den oberen Eisschichten stattfindet und diese an die Oberfläche als seltsame Steinstreifen, Steinnetze und Steinfelder
(s. Abb. 2) herausgebracht werden. In anderen Fällen werden durch dieselben Faktoren an der Oberfläche des Bodens

reguläre Kontraktionsrisse verursacht und feldermäßig sog.
Vieleckbildungen (Polygonboden) geschaffen (s. Abb. 3).

Es ist noch zu erwähnen, daß an vielen Stellen der Arktis
Aufwärtsbewegungen der Erdrinde zu beobachten sind. So
finden sich in Grönland, Spitzbergen, Franz Joseph-Land u. a.
viele Terrassen meist von 120 bis 400 m Höhe, die in der
geologischen Zeit den Meeresgrund bildeten. Auch von der
neuzeitlichen Aufwärtsbewegung der Küste zeugen Skelett-
reste von Walen, Seehunden u. a. sowie Reste von Treibholz auf den Höhen bis 15 m.

Abb. 2. Steinringe am Südufer der Kings-Bai, Spitzbergen.
Nach A. MIETHE (aus: „Zeitschr. Ges. Erdk.", Berlin 1912).

Heiße Quellen (Thermen) sowie *Springquellen* (Geysiren)
werden auch in der Arktis gefunden; vor allem der allgemein-
bekannte große *Geysir* und mehrere kleine in Island; ferner
sind *Thermen* bekannt von der Nordküste Spitzbergens in Wood-
Bai (bis +26,5°) und Bockfjord (+28,0°), westlich vom Kap
Serdze Kamen in der Tschuktschen-See (die Neschkan-Quelle
+27 bis 55° C) und im Bereiche der St. Laurenz-Bucht im
Bering-Meer (die Metschigmen-Quelle +58° bis 91°). Kamtschatka weist an ihren vulkanischen Orten mehrere bedeutende Thermen auf. Auch von der Ostküste Grönlands sind
heiße Quellen bekannt. In Reykjavik in Island wird das heiße

vulkanische Wasser von etwa 93° sogar zur Beheizung von
städtischen und Privathäusern sowie eines Schwimmbades,
Treibhauses usw. gebraucht.

III. Gewässer der Arktis.

Das ganze arktische Aquatorium von insgesamt 18,5 Mill.
qkm setzt sich zusammen aus folgenden Gewässern: 1. dem
Nordpolar-Meer mit Randseen, 2. dem *Europäischen Nord-*

Abb. 3. Polygonboden (Zellenboden) an der Billen-Bai, Spitzbergen.
Nach G. SCHULZE (aus: „Zeitschr. Ges. Erdk.“, Berlin 1912).

meer (*Grönländisches* und *Norwegisches Meer*), 3. dem *Baf-*
fin-Meer, 4. dem *Labrador-Meer* und 5. dem *Bering-Meer*.
Mit Ausnahme von den auf dem Kontinentalsockel (*Schelf*)
liegenden Randseen sind diese Gewässer 3000 bis über
5000 m tief. An ihren Oberflächen grenzen die Atmosphäre
und Hydrosphäre aneinander und von hier gehen wechselsei-
tige Einflüsse zwischen den Luft- und Wasserschichten aus
(s. S. 27). Hier wird die Sonnenenergie von der Strahlungs-
form in Wärme umgewandelt und von hier nimmt sowohl die
atmosphärische wie die ozeanische Zirkulation ihren Anfang,
wobei in der Atmosphäre durch ein Leichtwerden der Luft-

massen eine Zirkulation nach oben, im Ozean durch Schwerwerden der Wassermassen eine solche nach unten hervorgerufen wird. Wie in der Luft, so wirkt auch im Wasser die erzeugte Zirkulation nur auf eine relativ unbedeutende Schicht, im Wasser bis etwa 600–800 m Tiefe. Hier spielen neben beträchtlichen Temperaturänderungen noch eigenartige Salzgehaltverteilungen eine bedeutende Rolle. In der darunter liegenden und bis zum Boden reichenden Schicht ändern, dabei in recht engen Grenzen, nur noch große vertikale und horizontale Abstände die Temperatur- und Salzgehaltwerte[1]). Nach Vorschlag von *A. Defant* wird die obere stark veränderliche Schicht *ozeanische Troposphäre*, die untere *ozeanische Stratosphäre* genannt.

Das **Nordpolar-Meer** stellt zum größten Teil ein zwischen 2000–3000 m tiefes Becken dar, das nach neuesten Studien von *G. Wüst* 5 Tiefseedepressionen, d. h. Senken von über 4000 m aufweist. Die bedeutendsten davon sind: die von 5440 m unter 77° 45′ n. Br. und etwa 175° w. L. (1927 von *Wilkins* gemessen) und die von über 5180 m unter etwa 86° 27′ n. Br. und 39° 25′ ö. L. (1938 von *Badigin* festgestellt), wie unsere Karte (Tafel II) zeigt.

Auf Grund geologischer und neuer faunistischer Ermittlungen besitzt dieses Meer ein sehr beträchtliches Alter, wahrscheinlich besteht es schon seit Alttertiär oder sogar seit Mesozoikum (s. Abb. 15, S. 49). Heute stellt dieses Meer mit seinen Randschelfmeeren eine Ausbuchtung des Atlantik dar, mit dem es im freien Wasseraustausch zwischen Spitzbergen und Grönland steht. Die Grenzen zwischen den Küstengewässern und dem Nordpolar-Meer denkt man sich längs der Isobathe von 200 m; vom Europäischen Nordmeer wird es durch eine Unterwasserschwelle, die sog. *Nansen-Schwelle* getrennt, die sich zwischen Grönland und Spitzbergen entlangzieht und Einsattelungen bis rund 1750 m aufweist; als Grenze zwischen dem Bering-Meer und diesem Becken gilt die nur 90 km breite und etwa 50 m tiefe Bering-Straße, durch welche sich der

---

[1]) Unter *Salzgehalt* versteht man die Menge der in 1 kg Meerwasser gelösten Stoffe. Es sind Kochsalz (etwa 78 %), chlor- und schwefelsaures Magnesium (etwa 16 %), Gips (etwa 3 %) u. a. m. Das ozeanische Wasser beträgt im Mittel etwa 3,5 % oder 35 °/₀₀ (pro mille).

Wasseraustausch zwischen den beiden Meeren vollzieht. Aus
dem Atlantik strömen in das Polarmeer warme Golfstrom-
Wasser. Als eine Art Kompensation setzt in umgekehrter Richtung eine Ost-West-Eisdrift ein, die durch die herrschenden
Winde hervorgerufen wird und große Eismassen herausführt
(s. Tafel I). Die Oberfläche des Nordpolar-Meeres ist das
ganze Jahr mit einer mehr oder weniger zusammenhängenden
Eisdecke überzogen, und seine Wassermassen sind, mit Ausnahme von relativ unbedeutenden Mengen, die aus dem
Bering-Meer, vom Kontinent und von Niederschlägen stammen, atlantischer Herkunft.

Die Temperatur des Wassers variiert an der Oberfläche zwischen $+\,3{,}0°$
und $-\,1{,}95°$, die unteren Schichten der Troposphäre und die ganze Stratosphäre mit wenigen Ausnahmen weisen Minustemperaturen von Bruchteilen
eines Grades auf, nur in der Zwischenschicht von 100 bis 800 m, wo das
warme Golfstromwasser anzutreffen ist, erhöht sich die Temperatur bis auf
einige Bruchteile eines Grades mit Pluszeichen. Im ganzen ist das Nordpolar-Meer wärmer als seine seichten Randschelfmeere. Auch sein *Salzgehalt* ist relativ hoch, und zwar — unter Ausschließung der Oberfläche —
zwischen 30,0 und 35,2 %/$_{00}$.

Das **Europäische Nordmeer** gliedert sich in das **Grönländische** und **Norwegische Meer,** die gegeneinander keine
scharfe morphologische Grenze aufweisen, sich aber durch den
Charakter ihrer Gewässer und ihres Klimas scharf unterscheiden lassen. Die Grenze verläuft ungefähr von Island bis zur Mitte
der Nansen-Schwelle. Als Grenze des Europäischen Nordmeeres
gelten folgende Linien: im Osten Nordkap–Bären-Insel–Südspitze von Spitzbergen; im Süden: Kap Statland in Norwegen–
Orkney-Inseln–Nordspitze von Schottland–Färö-Bank—Nordküste von Island–Dänemark-Straße. Das *Grönländische Meer*
mit Tiefen bis zu 3000 m steht unter dem Einfluß der kalten
und mit Eis gefüllten Polarströmung, das *Norwegische Meer*
mit Tiefen bis 3670 m unter dem des warmen von Süden
kommenden Golfstromwassers. Das erstere ist während des
ganzen Jahres ganz oder zum Teil mit schwimmenden Eisfeldern bedeckt, das letztere weist nur zur Winterszeit in seinem nördlichen Teil Eis auf, sonst ist es ganz eisfrei. Auf
unseren Kärtchen (Abb. 4 und 5) sind die mittleren maxi-
malen und minimalen Grenzen für April und August für den
Zeitabschnitt 1898–1913 dargestellt, in dem noch keine all-

gemeine Erwärmung der Arktis stattgefunden hat. Später, ab 1920, während der warmen Periode (s. S. 23), sind diese Grenzen bedeutend nach Norden zurückgetreten.

Die Nansen-Schwelle und die Untiefen der Barents-See wurden bis jetzt als Hindernisse für den Austausch von Tiefenwasser zwischen dem Europäischen Nordmeer und dem Polarmeer betrachtet. Vor kurzem aber konnte G. WÜST auf Grund der Beobachtungen der „*Michael Sars*-", der „*Gjöa*-", der „*Belgica*-", der „*Nautilus*-", der „*Fram*-" und der „*Papanin-Expedition*" nachweisen, daß dieses in vollem Umfange nicht zutrifft. Sein auf Grund dieser Beobachtungen konstruierter Längsschnitt der *potentiellen Temperaturen*[1]) längs dem Nullmeridian zwischen 70° und 90° n. Br. für Tiefen zwischen 1000 bis 4000 m beweist, daß das Tiefenwasser des Europäischen Nordmeeres (mit potentiellen Temperaturen von —0,93° bis —1,03° C) über die Nansen-Schwelle in das Nordpolarmeer einströmt und, zu größeren Tiefen adiabatisch[2]) absinkend, das Bodenwasser dieses Meeres erneuert.

Somit wird die Bilanz im Wasserhaushalte des Nordpolarmeeres mit seinen Randgewässern hauptsächlich auf folgende Weise im Gleichgewicht gehalten: einerseits durch *Zugang*, nämlich den Einstrom vom atlantischen Wasser aus dem Golfstrom in den oberen Schichten und von Tiefenwasser über die Nansen-Schwelle, ferner den Einstrom aus dem Bering-Meer sowie den Zufluß von Flußwasser und aus den Niederschlägen, andererseits durch *Abgang* durch die kalte Ost-West-Eisdrift und Strömung aus der Tschuktschen-See durch die Bering-Straße sowie durch Verdunstung des Wassers und Schnees. Dabei nehmen am Zugang den weit überwiegenden Anteil die warmen Wassermassen, am Abgang die kalten, es wird somit aus dem Polarmeer Kälte herausgebracht und Wärme hineingeführt.

In folgendem bringen wir einige hypothetische Annahmen über die Ausmaße des Wasseraustausches zwischen dem Nordpolar-Meer und den Weltmeeren.

Man nimmt an, daß in das Polarmeer jährlich etwa 100000 ckm aus dem Atlantik, 15000 ckm aus dem Pazifik und 5000 ckm aus den Flüssen hineinströmt und folglich auch ein gleiches Quantum Wasser herausgebracht wird. Gleichzeitig wird das arktische Becken auch von großen Eismassen befreit. Man kann annehmen, daß die maximale Eisbildung $^2/_3$ der gesamten Meeresfläche betrifft, also etwa 12000000 qkm, oder bei der durchschnittlichen Eisdicke von 3 m 36000 ckm ausmacht. Etwa $^1/_3$ dieses Eises wird im Sommer durch Schmelzen zu Wasser gemacht und ein beträchtlicher Teil vom Rest wird durch die *Ost-West-Eisdrift* in das Grönländische Meer verfrachtet. Von hier werden diese Eismassen zusammen mit dem grönländischen Gletscher- und Küsteneis durch die *Ostgrönländische Strömung* bis in die Dänemark-Straße und weiter geleitet (s. Karte, Taf. I). Diese Strömung

---

[1]) Unter *potentieller Temperatur* (tp) versteht man die Temperatur, die ein Wasserteilchen annehmen würde, wenn es adiabatisch aus der Tiefe zur Oberfläche gehoben würde.

[2]) Unter *adiabatischem Effekt* versteht man Vorgänge von Temperaturveränderungen, die ohne Zufuhr äußerer oder Entzug innerer Wärme vor sich gehen. Beim Sinken einer Wassermasse wird diese komprimiert, die Temperatur steigt deshalb, beim Aufsteigen des Wassers kühlt es sich infolge der Expansion ab.

14

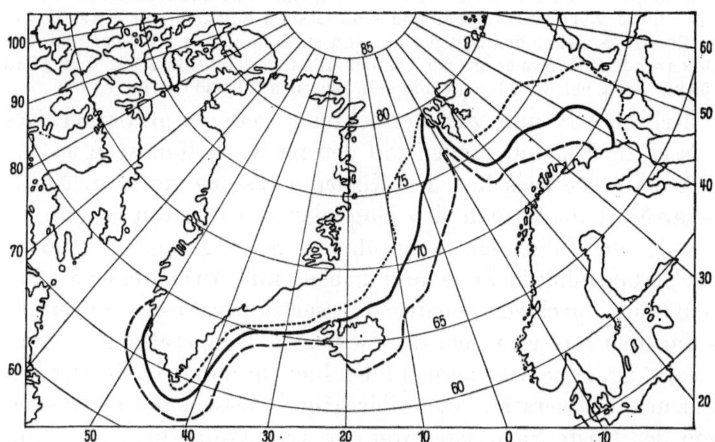

Abb. 4. *Eisgrenzen* im Europäischen Nordmeer und in der Barents-See
im *April*.

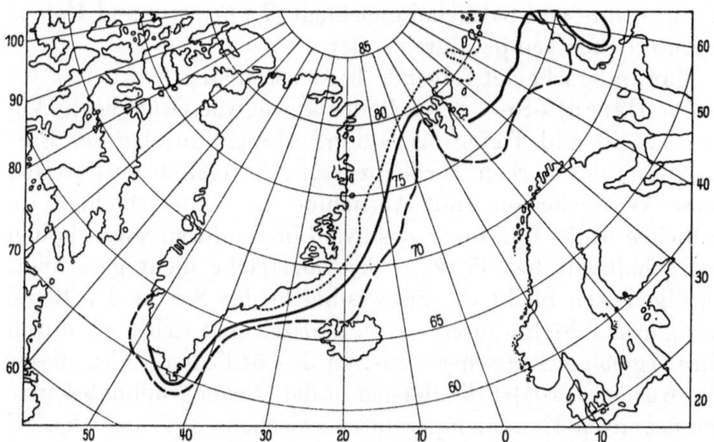

Abb. 5. *Eisgrenzen* im Europäischen Nordmeer und in der Barents-See
im *August*.

———————— mittlere Lage } für Periode 1898—1913
— — — — maximale ,, } nach den Karten des dänischen
·············· minimale ,, } Meteorolog. Instituts.

setzt längs der Ostküste Grönlands entlang und hat unter dem 80. °n. Br.
eine Breite von etwa 400 km und eine Geschwindigkeit von etwa 3,5 km
im Etmal; je mehr nach Süden kommend wird sie immer schmäler und ihre
Geschwindigkeit immer größer, in der Dänemark-Straße z. B., nur etwa
150 km breit bei der Geschwindigkeit zwischen 20—30 km im Etmal.

Kehren wir nun zur Betrachtung weiterer arktischer Gewässer zurück und fangen mit den nächsten Randseen an.

Die Grenze zwischen den Küstengewässern und dem Nordpolar-Meer denkt man sich längs der Isobathe von 200 m.

Alle im folgenden angeführten Schelfgewässer gehören zur Troposphären-Zone und haben, mit Ausnahme der Barents-See, durchweg negative Wassertemperaturen von durchschnittlich $-1°$ C, wobei die niedrigste Temperatur auch hier $-1,95°$ ist. Eine Ausnahme bilden hier im Sommer die Streifen warmen Wassers aus den sibirischen Flüssen, die meilenweit von der Küste Süßwasser von der Temperatur bis $+8°$ C hinaustreiben. Es sind Fälle bekannt, wo Schiffer das Trinkwasser weit von der Küste entfernt von der Oberfläche geschöpft haben. Im Spätherbst herrscht in diesen Seen zum größten Teil innerhalb ganzer Wassermasse bei gleicher Dichte eine Temperatur- und Salzgehaltgleichheit (*Isothermie* und *Homohalinität*) bei Temperaturen unter $-1°$.

Man unterscheidet folgende Küstenseen [1]):

Die **Barents-See,** deren Boden schräg von Osten nach Westen abfällt und Tiefen bis 500 m aufweist. Infolge der Einströmung des starken Nordkapzweiges des Golfstromes weisen diese Wassermassen, mit Ausnahme der Unterschichten im östlichen Teile, durchweg positive Temperaturen sowie hohen Salzgehalt auf bis $35,1°/_{00}$, die Oberfläche nicht gerechnet. Infolgedessen bleibt die Südwesthälfte der See in der Regel das ganze Jahr hindurch eisfrei und zeichnet sich auch durch ihre ergiebige Seefischerei aus. In den östlichen Teilen dieser See wurden bis jetzt die tiefsten in der Ozeanographie bekannten negativen Tiefseetemperaturen zwischen $-1,9°$ und $-2,0°$ C beobachtet. Hier befindet sich also der *Kältepol der ozeanischen Troposphäre* im Norden.

---

[1]) Die deutsche Sprache gestattet eine gewisse größenordnungsmäßige Unterscheidung durch die Worte „*Meer*" und „*See*". Die deutsche Marine bezeichnet große und tiefe Meeresbecken mit Beiwort „Meer" und kleine und flache mit „See". Wir folgen diesem Beispiele hier.

Die **Weiße See**, mit Tiefen bis zu 310 m, wird durch einen stellenweise nur 40 m tiefen Sund, sog. „*Gorlo*" von der Barents-See getrennt. Im Winter friert die See nur an ihren Rändern zu; im Innern sowie in der Gorlo stellt sich keine feste Eisdecke ein, sondern das Eis wird durch Winde und Strömungen ständig hin und her getrieben. In den letzten zwanzig warmen Jahren war die See manchen Winter im Innern teilweise oder ganz eisfrei.

Nach ihrer Fauna und Flora ist es ein Reliktensee, der einst mit der Ostsee verbunden war. Infolge der Trennung von der Barents-See hat die Weiße See auch einen eigenartigen, teils arktischen, teils von dem Dwina-Fluß stark beeinflußten Wasserhaushalt. Von 25 m ab weist das Wasser negative Temperaturen bis $-1,5°$ C und einen Salzgehalt zwischen 22 bis $30,34^0/_{00}$ auf.

Die **Kara-See** ist ein flaches Becken mit einigen Mulden in der Mitte bis 500 m Tiefe. Ihre nordöstliche Grenze verläuft von der Nordspitze der Nowaja Semlja bis zur Insel Belyj. An den flachen Süd- und Ostküsten bildet sich im Winter schweres Eis, das durch Wind und Strömung, die einen zyklonalen Charakter aufweist, hin und her getrieben wird[1]). Es können durch Zusammenwachsen großer Eisschollen Eismassen bis zu 20 m Dicke entstehen, auch richtige Eisberge werden an der Ostküste von Nowaja Semlja angetroffen.

Die **Westsibirische See** unterscheidet sich scharf durch ihre ozeanographischen wie auch topographischen Eigenschaften von der Kara-See. Sie ist nur eine Ausbuchtung der Flüsse Ob und Jenissei, deren Wasser sowie Niederschlag sie aufnimmt; sie ist seicht, in südlichen Teilen zwischen 20 bis 50 m tief und zeichnet sich, besonders im südöstlichen Teile, durch eine große Anzahl von Inseln aus. Die seichten Küstenstriche frieren im Winter auf eine Entfernung von 70 bis 100 m ein. Im Norden besitzt diese See eine tiefe Mulde des Polarmeeres und weist in ihren Unterschichten starke Spuren von atlantischem Wasser auf.

---

[1]) Bei der Bezeichnung der Richtung der Winde und Meeresströmungen gilt folgende Regel: der *Wind weht in den Kompaß*, die *Strömung setzt aus dem Kompaß*, d. h. nach dem Striche der Rose, aus dem der Wind weht, und nach dem Striche, wohin die Strömung setzt.

Die **Nordenskjöld-** oder **Laptew-See** ist ein zwischen Sewernaja Semlja und den Neusibirischen Inseln gelegenes seichtes, von der Chatanga, der Lena und anderen Strömen beeinflußtes Gewässer. Dagegen macht sich vom Norden aus in der Tiefe eine Zunge atlantischen Wassers bemerkbar. Die Ostküsten von Sewernaja Semlja erzeugen Eisberge, deren Bahnen scheinen aber die Schiffahrt auf der Nordsibirischen Route nicht zu gefährden.

Die **Ostsibirische See** ist ebenfalls ein seichtes, zwischen den Neusibirischen Inseln und der Wrangel-Insel liegendes Becken. In nördlichen Teilen ist sie stets von Eisfeldern blockiert, so daß die Schiffahrt hier in der Küstenzone, in einem schmalen Streifen Schmelzwasser erfolgt. Im Bereiche um Bennett-Insel sind deutliche Spuren sowohl vom atlantischen als auch vom pazifischen Wasser festgestellt worden. Es sind hier 1937 auch atlantische und pazifische Tierorganismen vom Eisbrecher „*Sadko*“ vorgefunden worden. Die klimatischen Verhältnisse in dieser See sind sehr schlechte: zur Navigationsperiode herrschen während 60—70% der Zeit Nebel, auch kommen sehr oft NW- und SO-Winde vor. Im Winter wehen heftige Ostwinde.

Die **Tschuktschen-See** erstreckt sich ostwärts von der Wrangel-Insel bis zur Alaskaküste, ist gleich allen vorhergenannten sehr seicht und zeichnet sich durch von Norden, Süden und Westen zusammenlaufende Strömungen aus, die für die Schiffahrt sehr störende und zum Teil auch gefährliche Eisansammlungen hervorrufen.

Die hydrologischen Verhältnisse in dieser See weisen auf einen Zusammenhang mit dem Pazifik hin: auf der Route von der Bering-Straße zur Herald-Insel trifft man an der Oberfläche Temperaturen zwischen +6 bis +8° C. Gegen den Boden sinkt die Temperatur bis −1,7° C.

Die **Beaufort-See** ist eine tiefe Mulde des Polarmeeres zwischen der Alaskaküste und dem Banks-Lande. Auch im Sommer wird die See von Norden durch Eis stark gefährdet, weshalb die Schiffahrt hier nur in der seichten Küstenzone stattfinden kann, wo Schmelzwasser vorhanden ist und warmes Wasser aus dem Bering-Meer zuströmt.

Als letztes Küstengewässer ist die **Kanadische Straßen-See** zu nennen. Sie besteht aus zahlreichen Sunden im nordkanadischen Archipel, die in einzelnen Fällen eine Tiefe bis zu 700 m aufweisen. Die See ist, mit Ausnahme von südlichen Teilen, wo sich im Sommer Schmelzwasser bildet und die Schiffahrt zuläßt, meist mit einer Eisdecke überzogen.

Es fallen noch in die Arktis in Kanada: das Binnengewässer, die **Hudson-See** mit dem **Fox-Basin**, bis zu 200 m Tiefe, das durch seine starke Vereisung „der Kältespeicher von Nordamerika" genannt wird. Ferner gehören zur Arktis noch das Baffin- und Labrador-Meer.

Das **Baffin-Meer** ist ein vom Norden durch *Smith-Sund*, von Süden durch die *Davis-Straße* isolierter Einbruch zwischen zwei hohen Randgebirgen von Grönland und Baffin-Land, bis über 2000 m tief. Durch treibende Eisfelder und Eisberge stellt das Meer der Schiffahrt auch im Sommer große Schwierigkeiten entgegen. Das **Labrador-Meer** ist bis 3500 m tief und wird charakterisiert durch die kalte, nach Süden setzende und Eisfelder von Baffin-Land verfrachtende Labradorströmung sowie die um Kap Farvel nordwärts laufende und viele Eisberge mit sich führende Ostgrönlandströmung. Diese beiden Strömungen erzeugen hier an der Oberfläche eine zyklonale Wasserbewegung. Es werden große Eismassen in die Labradorströmung gebracht und durch diese bis Neufundland und weit südwärts verfrachtet, wo sie durch die darin befindlichen Eisberge die Schiffahrt stark gefährden. Man erinnere sich an die „*Titanic*"-Katastrophe, die sich am 12. April 1911 bei 41° 46′ n. Br. und 50° 14′ w. L. ereignete und 1513 Menschen das Leben kostete.

Zur Vervollständigung des Bildes der ozeanographischen Verhältnisse in der Arktis müssen noch zwei an der Ostküste Sibiriens gelegene Meere Erwähnung finden, nämlich das *Bering-Meer* und das *Ochotskische Meer*.

Das **Bering-Meer** ist eine Bucht des Pazifik und ist in seinem nordöstlichen Teil ein relativ seichtes, 50—100 m, im südwestlichen aber ein über 3000 m tiefes Becken. Sein Wasser kommt durch die engen Sunde zwischen den Aleuten aus dem Pazifik; seine Strömungen sind noch wenig erforscht, es unterliegt aber keinem Zweifel, daß aus diesem Meere durch die Bering-Straße eine bedeutende Menge gemischten warmen Wassers (im Sommer bis +9° C) in die Tschuktschen-See hineinströmt, das westwärts weit in die Beaufort-See und ostwärts bis an die *De Long-Inseln* als Tiefenströmung reicht. Im Sommer erreicht in der nur 90 km breiten *Bering-Straße* die Strömung eine Versetzung bis 110 km im Etmal. Aus der Tschuktschen-See setzt durch die Bering-Straße längs der sibirischen Küste südwärts ein kalter Strom. Im Winter bildet sich an den Küsten, besonders im Osten, ein breiter Eissaum, das Meer aber friert nicht zu; der größte Teil des Meeres wird mit Treibeis bedeckt und ist für die Schiffahrt wenig zugänglich. Das Bering-Meer hat ein sehr ungünstiges Klima, besonders im westlichen Teil: im Sommer starke Südwinde mit Regen und Nebel, im Winter Kälte bei nördlichen und nordöstlichen Winden.

Das **Ochotskische Meer** fällt nach unserer Einteilung zwar nicht in das arktische Areal, sein Wasserregime aber ist ein ausgesprochen polares. Es ist ein bis über 3000 m tiefes Randmeer des Pazifik, das durch den aus dem Bering-Meer setzenden kalten *Kurilen-* oder *Oyashio-Strom* vom warmen pazifischen Wasser stark abgeriegelt wird. In seinen nördlichen und westlichen Teilen steht dieses Meer unter dem Einfluß von Kontinental- und Amurwasser. Daher bleiben seine Küsten weit seewärts viele Monate im Jahre stark vereist und man trifft noch im Juni im offenen Meere viel Treibeis an. Schon ab 25 bis 35 und bis zu 150 m Tiefe beobachtet man hier sogar im Sommer Temperaturen bis $-1,8°$ C; in den Zentralteilen, auf größeren Tiefen, wo pazifisches Wasser einströmt, steigt dagegen die Wassertemperatur bis etwa $+2,35°$ C an. Der Salzgehalt, abgesehen von den Oberschichten, variiert zwischen $30^0/_{00}$ und $34^0/_{00}$. Das Klima dieses Meeres ist ausgesprochen ungünstig, besonders während der Schiffahrtsperiode. Im Sommer herrschen dauernde Südwest- und Südwinde, die über dem kalten Wasser starke Nebel verursachen, im Herbst und Winter läßt der Nebel nach, aber beginnen heftige Schneestürme.

Neben die irdischen Ursachen der Meerwasserbewegung

treten auch solche seitens der Sonne und des Mondes. Es sind die *Gezeiten* oder *Tiden* (*Flut* und *Ebbe*), nämlich das sich meist zweimal in 24 Stunden und 50 Minuten vollziehende abwechselnde Steigen und Fallen des Meeresspiegels.

Die Gezeitenströme haben in der Arktis gewisse praktische Bedeutung, weil sie, gleich den Winden, Wakenbildung und Zusammenpressen des Eises bewirken. Sie sind alle von halbtägiger Dauer, d. h. es finden zwei Niedrig- und zwei Hochwasser im Etmal statt. Ihr Springtidenhub, d. h. die höchste Differenz zwischen Hoch- und Niedrigwasser zur Zeit des Voll- und Neu- mondes, schwankt an offenen Küsten zwischen 0,0 und 1,2 m. In den Buchten und Fjorden erreichen die Tiden größere Höhen, so z. B. in Angmagssalik (Ostgrönland) und Polarnoje (Kola-Fjord) bis 3, in Mesen bis 5,5 und in der Hudson-Straße: in Stupart-Bai 7,32 und Ache-Inlet sogar 9,14 m.

Das Meer ist Sammler und Träger der Sonnenwärme. Da- bei vollzieht sich die Erwärmung des Meeres anders als die der Luft. Während die Luft hauptsächlich von der Erde her durch Ausstrahlung ihre Wärme erhält, bekommt das Meer die Wärmezufuhr von oben her. Die erwärmten und durch Verdunstung salzreicher gewordenen Wassermassen der Ober- fläche können absinken und die Wärme auch in tiefere Schichten tragen.

Besondere Bedeutung für das Klima der Küstenländer haben die warmen Meeresströmungen. Wie bereits erwähnt, ist das Nordpolar-Meer durch den warmen *Golfstrom* atlan- tisch bestimmt. Seine Entstehung verdankt der Golfstrom den beständigen Winden des Nordostpassates, der die *Nordäqua- torialströmung* erzeugt; diese Strömung preßt ihre gewaltigen Wassermassen über den Atlantik, über das Karibische Meer und die Straße von Jukatan in den Golf von Mexiko hinein und ruft hier eine gewaltige Stauung von tropischem Wasser hervor (s. Tafel I).

Die im *Mexikanischen Golf* gepreßten Wassermassen entweichen mit großer Gewalt anfangs als *Florida-Strom*, vermischen sich mit der *Antillen- Strömung* und richten sich dann infolge der Erdrotation als *Golfstrom* nach Osten und ferner — als *Nordatlantischer, Norwegischer* und *Nordkapstrom* — nach Nordosten. Das ganze System wird einfachheitshalber unter dem Namen Golfstrom zusammengefaßt. Seine mittlere Jahrestemperatur be- trägt im Golf von Mexiko + 25,7° C, in der Florida-Straße + 26,7°, am Kap Hatteras + 24,0°, südlich von Neuschottland + 20,4°; an den Shet- landinseln werden im Stromstrich noch + 12 bis + 13° C gemessen. Bereits im Norwegischen Meer wird die Temperatur bedeutend niedriger, bei Spitz- bergen vor dem Eisfjord beobachtet man im August an der Oberfläche noch + 6° und in 50 m Tiefe + 4° C, wobei außerhalb dieser Strömung die

Temperatur um $\pm\,0°$ liegt. Beim Prinz-Karl-Vorland zweigt sich vom Golfstrom ein Arm nach Westen ab und erreicht als Unterstrom den Sockel von Grönland; der Hauptast aber passiert Spitzbergen, setzt seinen Weg im Nordpolar-Meer in der Wasserschicht zwischen 100—800 m als Unterstrom fächerförmig über den Pol weg fort und läßt sich noch deutlich am Kontinentalsockel bei Franz Joseph-Land, bei Sewernaja Semlja und noch in der Gegend um die De Long-Inseln und vor der Bering-Straße durch sehr geringe positive Temperaturen erkennen. Was nun die *Nordkapströmung* anbelangt, so durchschneidet diese die ganze Wassermasse der Barents-See bis zu ihrer äußersten Grenze und erreicht noch als Unterstrom um die Spitze von Nowaja Semlja die Kara-See.

Auf der Tafel I wird nach G. Wüst die Kapazität des *Golfstromsystems* nach ihrer Stärke — nämlich Geschwindigkeit und Wärme im Stromstrich — durch Stärke der Färbung und durch Punktierung veranschaulicht. Auf seinem bis etwa 15 000 km langen Wege nimmt die Ausbreitung des Golfstromes immer mehr zu, die Geschwindigkeit aber und die Temperatur werden immer geringer. So erreicht der Nordäquatorialstrom bei 70 km Breite eine Tiefe von höchstens 200 m, während der Golfstrom bei rund 800 km Breite südlich von Neufundland schon bis 1000 m tief ist. Nach Erreichung dieser Breite bewegt sich die Strömung im Stromstrich noch mit fast 2 km Stundengeschwindigkeit fort. In der Barents-See zeigt sich diese Strömung bis an die Küsten von Nowaja Semlja meist als Unterströmung; im Nordpolar-Meer, wie schon erwähnt, in der Wasserschicht zwischen 100 bis 800 m.

Nicht mit Unrecht wird dem Golfstrom eine große klimatische und biologische Bedeutung zugeschrieben sowie der Beiname „*Fernheizung*" gegeben. Seiner Wärme verdankt nicht nur Europa bis in ihr nördlichstes Gestade ein mildes Klima und Fruchtbarkeit, sondern auch die äußersten polaren Gelände und Gewässer das reiche Vorkommen von nützlichen Pflanzen und Tierformen.

Bei dieser Schätzung wird aber leicht vergessen, daß nicht die Wärme des Golfstromes allein ausschlaggebend ist. Man braucht nur seine Wirkung ostwärts und westwärts von seinem Laufe zu vergleichen, um zu erkennen, daß er fast gar keinen Einfluß auf die im Bereich der kalten Ostgrönland- und Labradorströmungen befindlichen unwirtlichen Labrador- und Grönlandküsten auszuüben vermag. Um seine Wärme,

d. h. die über ihm erwärmten Luftschichten, anderwärts zu verfrachten, gehört die *atmosphärische Depression*, die infolge der Erdrotation weit nach Osten gerichtet und noch in Sibirien zu spüren ist.

Seit 1920 sind wir Zeugen einer bedeutenden *Erwärmung der Atmo- und Hydrosphäre* des Nordpolargebietes. Ihre Ursachen werden im Kapitel über das Klima behandelt, hier wollen wir nur die ozeanischen Erscheinungen betrachten, die bis in die innersten ozeanischen Gebiete der Arktis eintreten. So ist im *Golfstrom* selbst, nämlich in den Gewässern seiner Entstehung – im *Golf von Mexiko* –, das Wasser im Ver-

Abb. 6. Strandfelsen aus Steineis auf der Wassiljewski-Insel, Neu-Sibirischer Archipel (aus: N. TRANSEHE, „The Geograph. Rev.", Vol. 15, N. 3, 1925).

gleich zur Periode 1912–1918 im Mittel um 0,42° wärmer geworden. Dasselbe hat man auch in der Barents-See festgestellt, die während der Periode 1921–1934 gegenüber der Periode 1900–1908 um 0,7° wärmer geworden ist.

Die in den Jahren 1937 und 1938 vorgenommenen letzten Vorstöße (die Expeditionen von Papanin auf der Eisscholle und des Eisbrechers „*Sedow*", s. S. 144 und 138) in die Innerarktis haben bewiesen, daß die kalte Deckschicht im Nordpolar-Meer, die nach „*Fram*"-Beobachtungen in den Jahren 1893 bis 1896 (s. S. 134) 200—250 m Tiefe erreichte, jetzt bis auf etwa 100 m Tiefe reduziert worden ist, und daß die positiven Temperaturen unter dieser Schicht sehr bedeutend gestiegen sind. Als unmittelbare Folge dieser Erscheinung ist ein erheblicher Rückgang der Vereisung des Landes, nämlich Zurücktreten der Gletscher sowie der Packeisgrenze im Sommer bis in die Zone nördlich von Spitzbergen, Franz Joseph-Land, Nowaja- und Sewernaja

Semlja, anzusehen. Bis vor kurzem ist es nie einem freifahrenden Schiff gelungen, Franz Joseph-Land und Sewernaja Semlja von Norden zu umsegeln, in der letzten Zeit aber konnten diese Gebiete leicht von gewöhnlichen Fahrzeugen umfahren werden. Im Sommer 1938 war es sogar möglich, allerdings mit Hilfe des Eisbrechers *„Jermak"*, nicht nur den 83. ° n. Br. auf der Länge der Neusibirischen Inseln zu erreichen, sondern noch zwei im vorigen Jahre mit der Eisdrift dorthin verfrachtete Dampfer (s. S. 138f.) herauszuholen.

Sehr beachtenswert ist auch die folgende *glaziologische Erscheinung* im sibirischen Norden: von zwei kleinen Inseln in der Laptew-See, *Semjenowskij* und *Wassiljewskij* (Abb. 6), westlich von der *Ljachow-Insel* gelegen, die in der Hauptmasse aus Steineis gebildet waren und zuerst im Jahre 1823, dann in den Jahren 1912 und 1913 kartiert wurden, ist nach Beobachtungen vom Jahre 1936 die erste ihrer Länge nach kleiner geworden, die zweite, die 7 km Länge aufwies, ganz verschwunden und ihre Stelle nur noch durch eine Untiefe erkennbar geblieben. Auch in dem *Ost-West-Eisdrift* hat sich die Erwärmung deutlich bemerkbar gemacht. Es stellt sich heraus, daß die Geschwindigkeit, mit der sich das Polarbecken von den Eismassen entleert, nicht immer dieselbe bleibt, wie aus der folgenden Tabelle zu ersehen ist:

Tabelle 2.

Driftverlauf im Polarbecken bis zum Schluß etwa unter 80° n. Br.

Expedition	Dauer Tage	Zurückgelegt	Mittlere Geschwindigkeit pro Tag
„Fram" 1893—96	1040	1400 sm[1])	1,3 sm
„Sedow" 1937—39	791	1700 „	2,2 „
Papanin-Expedition 1937/38..	223	750 „	3,3 „

Die große Differenz in der Geschwindigkeit erklärt sich dadurch, daß die drei Driftfahrten erstens, wie auf der Karte zu ersehen ist, sich in verschiedenen Breiten vollzogen haben. Daher weist auch die nördlichste von ihnen, d. h. diejenige der PAPANIN-Expedition, die größte Geschwindigkeit auf. Zweitens fallen die beiden letzten Expeditionen in die warme Periode, in der die atmosphärische Tätigkeit eine regere war als zur Zeit der *„Fram"*; infolgedessen war die Entleerung des Polarmeeres eine weit intensivere.

Wie die neuesten russischen Beobachtungen gezeigt haben, hat infolge der allgemeinen Erwärmung im Norden auch die Stärke der *Eisdecke* nachgelassen und da, wo NANSFN 1895 Eisschollen von 3 m beobachtete, beträgt jetzt die Dicke der Eisfelder höchstens noch 218 cm.

Endlich ist auch auf *biologischem Gebiete* infolge der Erwärmung eine bedeutende Evolution zu verzeichnen. So zeigten sich große Schwärme von Dorschen, Heringen und anderen Nutzfischen, vereinzelt auch Makrelen, an den Küsten Spitzbergens, Westgrönlands und von Nowaja Semlja, wo sie sonst früher unbekannt waren. Besonders beachtenswert ist

---

[1]) 1 Seemeile (auch nautische Meile) = 1,852 km; 1 km = 0,54 Seemeilen.

das Erscheinen großer Schwärme von Heringen in der Barents-See, die auch ihr Laichen hier abhielten. Einige Individuen sind sogar in der Ob-Mündung konstatiert worden.

So erschienen in der Barents-See Warmwasserformen von Mollusken (wie z. B. *Gibbula tumida, Acera bullata*), Seesternen (*Schizaster fragilis* u. a.), Krebsen (*Eupagurus bernhardus, Stylocheiron maximum*) u. a. Gleichzeitig zogen sich in kältere Gebiete zurück: der Weißwal (*Delphinapterus leucas*), einige arktische Fische, Mollusken (z. B. *Cardium groenlandicum*) und viele Planktonformen. Da auch die Bodenfauna durch die Veränderung in ihren Existenzbedingungen neue Arten aus den wärmeren Gewässern erhalten hat, wird beinahe der Eindruck erweckt, daß es sich hier sogar um eine nene geologische Periode handeln könnte.

Der wichtigste Bestandteil der Arktis ist das *Eis* in Form von *Eisschollen, Eisfeldern, Inlandeis* und *Eisbergen*. Die beiden ersten entstehen an der Oberfläche der Gewässer und sind Meereseis, die letzten von Niederschlägen auf dem Lande, die sich in Gletscher verwandeln. Auch Flußeis wird in das Polarmeer herausgebracht. Gletscher kommen vor auf Grönland, Island, Baffin-Land, Spitzbergen, Franz Joseph-Land, Nowaja und Sewernaja Semlja u. a.

Beim Frieren im Freien erreicht die Eisstärke im Durchschnitt etwa 3 m während eines Jahres. Dabei schmilzt im nächsten Frühling rund etwa 1 m ab, und im kommenden Winter erfolgt wieder durch Gefrieren, das von unten vor sich geht, ein Zuwachs von rund 1 m. So wird die Eisscholle am Ende des zweiten Jahres, wenn wir sie als dreischichtig annehmen, aus zwei Schichten zweijährigen Eises und einer Schicht einjährigen Eises bestehen. Am Ende des dritten Jahres wird sie eine drei-, zwei- und einjährige Schicht aufweisen. So wird es weitergehen und infolgedessen keine Scholle älteres als dreijähriges Eis aufweisen können, wenn sie auch viele Jahre im Polarraume lebt. Es sei hier noch bemerkt, daß das Meereseis beim Gefrieren den größten Teil des vorhandenen Salzgehaltes ausscheidet. Daher liefern die tauenden Eisschollen, besonders wenn sie von viel Schnee bedeckt waren, fast salzloses Wasser, das für Kesselspeisen und auch für die Küche der Schiffe Verwendung findet.

Ein *Gletscher* bzw. *Eisberg* entsteht auf folgende Weise: Der zunächst feinkörnige Schnee verwandelt sich mit der Zeit nach mehrmaligen Schmelz- und Wiedergefrierungsprozessen und durch Druck in eine körnige Masse — Firn. Dieser Firn verwandelt sich unter zunehmendem Druck in immer festere Eismassen, die sich langsam in Bewegung setzen. Die bis in das Meer vorgeschobenen Gletscherenden brechen ab (der Gletscher „kalbt") und treiben als Eisberge ins offene Wasser, gelenkt durch Winde und Strömungen. Eine besonders große

Anzahl von ihnen wird an den Küsten vom Baffin-Meer erzeugt: nach den Forschungen der amerikanischen hydrographischen Expedition bis 7500 Eisberge jährlich, von denen ein großer Teil durch die Davis-Straße in die Labradorströmung und weiter nach Süden wandert. Bei Grönland reichen die Eisberge selten über 100 m über den Wasserspiegel (s. Abb. 7). Dabei ragen sie nur mit 1/3 bis 1/5 ihrer Masse aus dem Wasser hervor.

Abb. 7. Ein Eisberg in der Nähe von Spitzbergen (auf dem Grund sitzend), 22 m über und 66 m unter dem Wasser (Aufnahme der Murman-Expedition).

Neben den Gletschern Grönlands und des Baffin-Landes liefert die Arktis dem Atlantik bedeutende Massen von Meereseis. Ihr Quantum hängt von der während der Winterzeit in der Arktis herrschenden Temperatur und der Größe der Sommerschmelze ab und wechselt daher von Jahr zu Jahr.

IV. Klima der Arktis.

Das *reale Klima*, d. h. der gesamte Verlauf der Witterung eines bestimmten Zeitabschnittes einer Gegend, wird nicht allein durch die geographische Breite, sondern auch durch die Meereshöhe des Ortes sowie durch die Verteilung von Land und Wasser, Bodenbeschaffenheit, Winde, Meeresströmungen u. a. bedingt. Nicht umsonst stammt das Wort „*Klima*" vom griechischen κλινειν = *neigen*, denn die Klimazonen stehen im engsten Zusammenhange mit der Neigung der Erdachse.

Die Sonnenstrahlung ist auf unserem Erdball die einzige Energiequelle, die die Temperatur auf seiner Oberfläche über die fast absolute Minustemperatur des Weltraumes erhöht und der Lebewelt das Dasein ermöglicht. Sie ist auch die treibende Kraft, die die atmosphärische und ozeanische Maschine in Gang setzt.

Wie die Abb. 8 zeigt, erhalten gleich große Flächen bei steilem Einfallen der Sonnenstrahlen mehr Licht und Wärme als bei flachem. Infolgedessen erfahren die Tropen, wo die steil einfallenden Lichtstrahlen fast 12 Stunden täglich wirken, während des ganzen Jahres eine weit stärkere Wärmezufuhr als die gemäßigten Zonen. Noch weniger empfängt aber die Polarzone, wo selbst im Sommer so wenig Wärme zuströmt, daß sie das ganze Jahr hindurch zum größten Teil vereist bleibt.

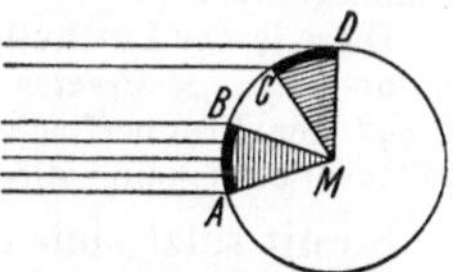

Abb. 8. Abnahme der Sonnenstrahlung mit zunehmender geographischer Breite. Die Fläche *CD* wird von einem viel kleineren Strahlenbündel getroffen als die gleich-große Fläche *AB* (aus: Knaurs Weltatlas 1939).

Von sehr großer Bedeutung ist bei der Strahlung die Höhe des Sonnenstandes. Nimmt man die atmosphärische Schicht beim Stand der Sonne im Zenit als 1 an, so wird die Luftschicht, die der Sonnenstrahl beim Stand der Sonne am Horizont durchbrechen muß, 30—35 mal größer sein. Wasserdampf und Staub in der Atmosphäre vermindern die Intensität der direkten Strahlung. Im hohen Norden, wo die absolute Feuchtigkeit der Luft gering und die Luft staubfreier ist als in den südlicheren Breiten, kommen diese beiden Faktoren weniger in Betracht; dafür aber ist hier im Sommer die Bewölkung, die die Einstrahlung wesentlich abschirmt, sehr bedeutend; im Winter wieder ist die Bewölkung geringer und infolgedessen auch die Ausstrahlung intensiver, wodurch die Abkühlung des Erdbodens begünstigt wird.

Der Wärmestrom der Sonne durchsetzt auf seinem Wege zur Erde die Luftschicht, ohne diese dabei wesentlich zu erwärmen. An der festen Oberfläche wird die Sonnenwärme vom Erdboden zum Teil absorbiert, d. h. verschluckt und dadurch die Oberfläche stark erwärmt, zum Teil, je nach der Beschaffenheit des Bodens, reflektiert, also der Luft zugeführt. Tagsüber wird somit viel Wärme der Luft abgegeben, nachts aber wird der Erdboden rasch und stark abgekühlt, was sich auch auf die unteren Luftschichten auswirkt. An der Oberfläche des Wassers äußert sich die Sonnenstrahlung ganz anders. Im Wasser dringt die Wärme bis in größere Tiefen hinab und wird auf viel größere Massen verteilt als bei dem festen Erdboden. Daher gibt das Wasser nicht soviel Wärme an die Luft ab wie die Erdoberfläche und erniedrigt sich bei Nacht die Temperatur der Luft über dem Wasser nicht so tief wie über dem Erdboden. Somit wird die Lufthülle konvektiv erwärmt. Dieses verschiedene Verhalten der Sonnenstrahlen gegenüber der festen und flüssigen Oberfläche der Erde ist von größter Bedeutung für das Verständnis der Witterungserscheinungen. Es ist noch zu beachten, daß nicht die ganze Wärme der Sonnenstrahlung die Erde erreicht. Ein Teil davon, wie schon gesagt, wird auf die unbedeutende Erwärmung der Luft verbraucht, ein weiterer durch den in der Luft vorhandenen Wasserdampf absorbiert und schließlich ein Teil innerhalb der Atmosphäre zerstreut oder in den Weltraum hinausgebracht.

Diese in der Lufthülle versammelte Wärmemenge geht nicht verloren und kommt als *„zerstreutes Himmelslicht"* und als *„atmosphärische Gegenstrahlung"* der Erdoberfläche zugute, und zwar auch dann, wenn eine dicke Wolkendecke keine direkte Bestrahlung der Erde zuläßt.

Somit setzt sich die gesamte Wärmeeinnahme der Erde aus direkter Strahlung der Sonne und aus der diffusen, d. h. zerstreuten Strahlung der Atmosphäre zusammen. Die Intensität der Strahlung an der Erdoberfläche wird aber abhängig: 1. vom Abstand der Erde von der Sonne, 2. von der Höhe der Sonne über dem Horizont, d. h. von der Länge des Weges, den die Strahlen durch die Atmosphäre zurücklegen müssen, und 3. von der Reinheit der Luft (Gehalt an Wasserdampf und Staub). Die Gesamtwärme der Strahlung wird überdies von der Dauer des Tages und der Stärke der Bewölkung bestimmt. Die Bilanz im Wärmehaushalt eines Punktes wird somit vom Verhältnis zwischen der Ein- und Ausstrahlungsmenge abhängig sein.

Auf die Frage, wieviel Wärme uns die Sonne zustrahlt, antwortet die heutige Wissenschaft folgendes: es wird angenommen, daß die Sonne der Erde an der Grenze der Atmosphäre in 1 Minute bei senkrechtem Einfallen auf 1 qcm eine Wärmemenge von 1,94 Grammkalorien zustrahlt[1]). Dieser

---

[1]) Eine (kleine) *Grammkalorie* (gcal) entspricht der Wärmemenge, welche 1 g Wasser (also 1 cm^3) um 1° erwärmt. Eine (große) *Kilogrammkalorie*

Wert wird *Solarkonstante* genannt und folgendermaßen bezeichnet: $1{,}94 \text{ gcal/cm}^{-2} \text{ min}^{-1}$.

Wir bringen nach H. VON FICKER einen Überblick über die Größenordnung der Wärmeströme nach einzelnen Teilströmen im Laufe eines Tages durchschnittlich, d. h. im Mittel für die ganze Erdoberfläche. „Es ergibt sich, daß im Laufe von 24 Stunden jedes Quadratzentimeter an der Grenze der Atmosphäre 720 gcal zugestrahlt erhält. Von dieser zugestrahlten Wärmemenge verschluckt die Atmosphäre 140 gcal; etwa 130 gcal werden zerstreut und in den Weltraum reflektiert, während eine ebenso große Wärmemenge durch das „*zerstreute Himmelslicht*" jedem Quadratzentimeter der Erdoberfläche zugeführt wird. Hierzu kommt der die Erdoberfläche erreichende Teil der *direkten Sonnenstrahlung* im Betrage von 160 gcal, während ein ungefähr gleich großer Betrag an der Oberfläche von Wolken in den Weltraum hinausgespiegelt wird und damit verlorengeht. Die gesamte Einnahme der Erdoberfläche beträgt deshalb nur 290 gcal auf das Quadratzentimeter im Laufe eines Tages und im Mittel für die ganze Erde." Verbraucht wird diese Wärmeeinnahme folgendermaßen: „Zunächst gibt die Erdoberfläche etwa 100 gcal durch die Ausstrahlung ab, und nur ein Rest von 190 gcal bleibt für den „*atmosphärischen Betrieb*" übrig, d. h. für die Heizung der unteren Luftschichten und für die unter Wärmeverbrauch stattfindende Verdunstung von Wasser."

Hierzu muß bemerkt werden, daß der Bilanzposten von 190 gcal nur im Mittel für die Oberfläche der ganzen Erde gilt. Denn der Wert der Sonnenstrahlungsintensität verkleinert sich, je näher man zur Erde kommt. So z. B. beträgt dieser Wert in 22 km Höhe 1,72, an der Spitze des Tolmakas (3900 m) 1,69 und fast am Meeresniveau in Slutzk bei Petersburg (59° 42' n. Br.) 1,43 gcal. Auch mit der geographischen Breite wird dieser Wert kleiner, so z. B. in Tichaja Bucht im Franz Joseph-Archipel (80° 20' n. Br.) nur 1,30 gcal.

Wir wissen schon, daß jenseits des Polarkreises der Sonnenstrahlungshaushalt eine besondere Eigentümlichkeit aufweist. Hier bleibt die Sonne einen gewissen Teil des Jahres dauernd über dem Horizont und einen entsprechenden, ungefähr gleich

---

(kgcal) bedeutet die nötige Wärmemenge zum Erwärmen von 1 kg Wasser (1 m³) um 1°.

großen Teil dauernd darunter. Zwischen diesen Extremen
(Polartag und Polarnacht) liegen die Übergangsjahreszeiten
mit täglichem Auf- und Untergehen der Sonne, so etwa, wie
es unter unseren Breiten der Fall ist. Die Übergangszeiten werden um so kürzer, je näher man zum Pol kommt, und verschwinden am Pol selbst. Die Tab. 3 zeigt diesen Wechsel
nach W. MEINARDUS an.

Tabelle 3. Der Verlauf der hellen und dunklen Jahreszeiten sowie
der Stand der Sonne in höheren Breiten.

Geographische Breite	Tag- und Nachtwechsel (Frühling)	Ständiger Tag (Sommer)	Tag- und Nachtwechsel (Herbst)	Ständige Nacht (Winter)	Sonnenhöhe 21. Juni	
					Mittag	Mitternacht
$66°33'$	180 (170)	1 (23)	183 (172)	1 (0)	$46°54'$	$0°0'$
$70°$	119 (119)	64 (70)	121 (121)	61 (55)	$43°27'$	$3°27'$
$75°$	82 (81)	102 (107)	83 (83)	98 (94)	$38°27'$	$8°27'$
$80°$	52 (52)	133 (137)	53 (53)	127 (123)	$33°27'$	$13°27'$
$85°$	25 (25)	160 (163)	26 (26)	154 (151)	$28°27'$	$18°27'$
$90°$	0 (0)	186 (189)	0 (0)	179 (176)	$23°27'$	$23°27'$

Dadurch, daß die atmosphärische Strahlenbrechung am Horizont bei
niedrigen Temperaturen mehrere Grade betragen kann, wird die Zahl der
Tage beständiger Nacht zugunsten der beständigen Tage etwas verkleinert.
Die in der Tabelle 3 *eingeklammerten Zahlen gelten für ständige Tage bei einer
Strahlenbrechung von* $1/_2$ *Grad im Horizont.* Somit wird z. B. am Nordkap
($71°11'$ n. Br.) die Sonne mehr als zwei Monate dauernd über und zwei
Monate dauernd unter dem Horizont bleiben und beinahe doppelt so lange
unter dem $80.°$ n. Br.

Die Einstrahlung ist somit in den höheren Breiten im
Laufe des Jahres weit größeren Schwankungen ausgesetzt
als in den niederen. Die direkte Einstrahlung beschränkt sich
auf eine gewisse Zeit des Jahres. Dagegen geht die Ausstrahlung ununterbrochen nicht nur während der langen dunklen,
sondern auch während der hellen Zeit vor sich, weshalb sich
der Temperaturunterschied der extremen Perioden mit der
Breite immer mehr vergrößert. Auch sonst ist die Intensität
der Radiation nicht überall die gleiche, und für jeden Ort
der Erde weist sie einen eigenen Verlauf auf.

Für das Leben der Pflanze im hohen Norden kommt es besonders darauf an, wie hoch der gesamte Betrag der Wärme
ist, den sie von der Sonne erhält. Auf diese Frage geben uns
Antwort die Beobachtungen auf einigen russischen Polarstatio-

nen, die wir zum Vergleich zusammen mit einigen weit südlicheren Stationen nach N. KALITIN in der Tab. 4 bringen.

Tabelle 4. Wärmemengen der *direkten* Sonnenstrahlung nach Jahreszeiten auf *horizontale* und *vertikale* Flächen in großen Kalorien.

Station	Nördliche Breite	Horizontale					Vertikale				
		Winter	Frühling	Sommer	Herbst	Jahr	Winter	Frühling	Sommer	Herbst	Jahr
Tichaja-Bucht	80° 20′	0	6	8	1	15	0	21	24	3	43
Tiksi-Bucht	71° 39′	0	12	14	1	27	2	37	33	8	79
Kap Schmidt	68° 55′	0	12	16	1	29	2	32	36	5	74
Sodankylä	67° 22′	0	11	15	3	29	—	—	—	—	—
Jakutsk	62° 0′	2	20	30	5	57	10	45	49	16	120
bei Petersburg[1]) ..	59° 42′	1	14	22	4	41	5	30	41	11	87
Karadag (Krim)...	44° 48′	5	23	37	15	80	14	38	37	31	139
Taschkent	41° 20′	7	27	46	21	102	20	43	70	45	177

Die Tabelle 4 zeigt uns, daß die Wärmemengen, die in der Arktis auf eine
vertikale Fläche im Frühjahr und Sommer kommen, im Vergleich zu dem
am Schwarzen Meer liegenden Karadag (75 kgcal) sehr groß sind, nämlich
in Tichaja-Bucht 70 kgcal und am Kap Schmidt 68 kgcal, in Jakutsk sogar
94 kgcal. Dabei darf nicht vergessen werden, daß parallel mit der direkten
Strahlung auch die diffuse vor sich geht, die ebenfalls sehr bedeutend ist.
Wir sehen also, daß an manchen Orten im hohen Norden während des Polar-
tages sogar mehr Sonnenwärme der Erde zugestrahlt wird als am Schwarzen
Meer. Daraus lassen sich Schlüsse praktischer Bedeutung ziehen, nämlich
die Polarsonne für *Gemüsebau* und *Lichttherapie* auszunutzen. Dazu könnte
man Gewächshäuser mit runder und mehr oder weniger senkrechter Ver-
glasung bzw. Veranden mit für die ultravioletten Strahlen durchlässigen
Glasscheiben anwenden.

Aus dem, was wir bis jetzt erfahren haben, müssen wir
schließen, daß der Lebenszyklus der Pflanze in der Arktis
sich auf eine begrenzte Zeitspanne von nur wenigen Monaten
erstreckt und daß während der übrigen Zeit die Pflanze sich
in einem durch Frost bedingten Zustand der Erstarrung befindet. Während der Vegetationsperiode ist für die Pflanze
von größter Bedeutung die Bilanz in der Wechseltätigkeit
zwischen der Einstrahlung einerseits und der Ausstrahlung
durch die Reflexion andererseits, nämlich das Verhältnis dieser beiden Faktoren, die sog. *Albedo*. Die Tab. 5 zeigt in
Prozenten, wie verschiedenartig sich die Albedo, je nach der
Beschaffenheit der Oberfläche, äußert, wobei Wasser und
Schnee Extreme bilden.

---

[1]) In Slutzk (früher Pawlowsk).

Wasseroberfläche	unter 10
Schwarze Erde	14
Grauer Sand	18
Grasfläche	22—32
Tundra	24
Kreideböden	30—35
Alte Schneefläche	30—50
Frische, glatte Schneefläche	70—85

Diese Tabelle zeigt uns, daß z. B. das Wasser ein Vermögen besitzt, 90 % der erhaltenen Wärme zu verschlucken und 10 % der Luft abzugeben, die Tundra 76 % bzw. 24 %, die frische Schneefläche 15 % bzw. 85 % usw.

Die beiden Faktoren, nämlich die starke Strahlung der Sonne und die relativ geringe Albedo des Erdbodens bedingen die Entwicklungsmöglichkeit der Pflanzenwelt bis in die höchsten Breiten des arktischen Gestades. Sie bedingen in der bodennahen Luftschicht für jeden einzelnen Hang oder jede Senke, jede Flur, Boden- und Bepflanzungsart je ein eigenes typisches sog. „*Mikroklima*" mit jeweils besonderen Temperatur- und Feuchtigkeitsauswirkungen. Temperatur und Feuchtigkeit kommen hier weit mehr und in anderer Weise zur Geltung als in den Luftschichten von $1^{1}/_{2}$ *bis* 2 m *über der Erde*, wo die klimatischen Elemente mit den vor jeder Reflexion abgeschirmten Instrumenten ermittelt werden, die somit die sog. „*Menschenklimate*" charakterisieren.

Wenden wir uns nun der *Witterung* und dem *Klima* der Arktis zu. Unter Witterung oder Wetter versteht man den Zustand der meteorologischen Elemente während einer kurzbemessenen Zeit, unter Klima dagegen – den mittleren Zustand und Verlauf der Witterung innerhalb einer längeren Zeitspanne. Das Klima wird für unsere geologische Epoche so gut wie für unveränderlich angenommen, nur gewisse vorübergehende Schwankungen werden zugelassen. Die Witterung dagegen ändert sich nach Jahreszeiten und innerhalb dieser in mehr oder weniger kurzen Abständen. Die Sonnenstrahlung ist der alleinige Faktor des Lebens auf unserer Erde und ihrer Klimate. Der Mensch muß die ihm in der Natur durch das Klima gegebenen Bedingungen kennen, sich ihnen anpassen und auszunutzen verstehen.

Bezüglich der Verteilung des *Luftdruckes* kann allgemein gesagt werden, daß dieser zur kalten Jahreszeit (Winter und Frühling), wo das ganze arktische Gebiet unter Eis und Schnee begraben liegt, regelmäßiger ist als zur warmen Jahreszeit. Im Winter liegen über dem relativ warmen nördlichen Atlantik und nördlichen Pazifik Tiefdruckgebiete (isländisches und

aleutisches Tief), über Ostsibirien und Nordamerika, die beide
sehr kalt sind, Hochdruckgebiete. Über das ganze Polargebiet
zieht sich um diese Zeit ein Sattel hohen Luftdrucks, der als
arktische Windscheide bekannt ist. Diesen Druckverhältnissen
entsprechend wehen vom Meer aus die vorherrschenden Winde
dem Atlantik und dem Pazifik, d. h. den Gebieten mit niedri-
gem Luftdruck zu. Im Sommer dagegen liegen die Hochdruckgebiete über dem Nordpazifik und um die Azoren-Inseln
herum, die Tiefdruckgebiete über Nordamerika und Zentral-
asien, dabei sind die Druckunterschiede im ganzen Gebiet unbedeutend. In Übergangsjahreszeiten hat das Nordpolargebiet
eine sehr unbeständige Luftdruck- und Windrichtungsvertei-
lung.

Es ist bekannt, daß atmosphärische Zirkulation in unseren
Breiten sich bis 11 km, in den Tropen bis 18 km und an den
Polen bis etwa 8 km Höhe erstrecken. In dieser Luftschicht,
die *Troposphäre* genannt wird, spielen sich die gesamten
Witterungserscheinungen ab. Die überliegende Schicht, die
Stratosphäre, weist fast keine Luftströmungen, keine wesentlichen vertikalen Temperaturgefälle und keine Kondensations-
erscheinungen auf. Ihre Temperatur, so hoch auch die un-
bemannten Luftballons mit Registrierapparaten stiegen, hält
sich fast einheitlich etwa zwischen $-50°$ und $-55°$ C[1]).

Neuere aerologische Beobachtungen auf dem nördlichsten physikalischen
Observatorium der Welt — in der Tichaja-Bucht auf dem Franz Joseph-Land
(80° 20′ n. Br.) — haben gezeigt, daß die untere Stratosphärengrenze im
Winter in etwa 8000, im Sommer in 10000 m liegt.

Was die *Lufttemperatur* anbetrifft, so wird sie mit Thermo-
metern gemessen, die vor direkter Wärmestrahlung der Sonne,
vor Strahlung oder Reflexion der umgebenden Gegenstände
sowie vor Regen geschützt sind. Zu diesem Zwecke werden die
Thermometer nebst anderen Instrumenten 1½ bis 2 m über

---

[1]) Zur Erforschung der Freiatmosphäre in großen Höhen dienen Pilot-
ballone, Registrierballone mit Meteorographen und solche mit Kurzwellen-
sendern (Radiosonden). Mit ihnen sind bis jetzt Rekordhöhen bis 38600 m
(Pilotballon) und 34500 m (Registrierballon) erreicht worden. Bemannte
Luftballone sind bis jetzt bis 16000 m (A. PICCARD 1931), 19000 m (PRO-
KOFJEW 1933) und 23000 m Höhe (STEVENS und ANDERSON 1935) vorgedrungen.

dem Erdboden in luftige, durch Jalousien gut abgeschirmte
Gehäuse untergebracht[1]).

Allein an dem Küstensaum der Arktis befinden sich heute über 100 Beobachtungsstationen (s. Karte), von denen der größte Teil tägliche Wetterberichte an die Zentralstellen für den synoptischen Wetterdienst der verschiedenen Länder durch Funksprüche meldet. Über die Hälfte davon
entfällt auf Sowjetrußland, vom Rest kommt der größte Teil auf Norwegen
und Dänemark, Grönland, und der kleinste Teil auf Kanada und Alaska.
Unter diesen Stationen sind folgende Geophysikalische Observatorien zu
nennen: die deutsche zu Ebeltofthafen in der Kreuz-Bucht in Spitzbergen

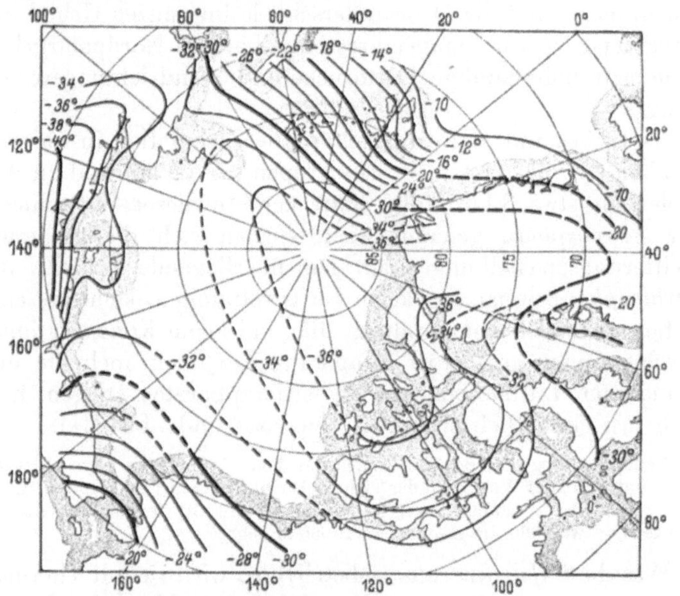

Abb. 9. Lufttemperatur über der Arktis im Meeresniveau im Januar
(aus: H. U. Sverdrup, „Handb. d. Klimatologie", Bd. II, Teil K, 1934).

(1912—1914), die norwegische in Tromsö, die dänische auf der Disko-Insel
in West-Grönland und die russischen im Matötschkin-Schar auf Nowaja
Semlja, in der Tichaja-Bucht in Franz Joseph-Archipel und auf der Dickson-
Insel an der Mündung des Jenissejs. Nordkanada besitzt fast gar keine
Beobachtungsstationen, was von großem Nachteil sowohl für die Wetter-
vorhersage des eigenen Landes als auch für den synoptischen Weltdienst
der ganzen nördlichen Polarkalotte ist.

---

[1]) In den Polargegenden werden nur Spiritusthermometer gebraucht, da
das Quecksilber schon bei —39,5° C fest wird.

34

Bevor wir zu einer zusammenfassenden Betrachtung der nachstehenden Tabellen über die Temperaturverhältnisse an verschiedenen nordischen Stationen übergehen, muß einiges über die Einteilung der Klimate gesagt werden. Diese Einteilung beruht auf meteorologischen Einwirkungen auf alles Leben – in erster Linie auf die Pflanzenwelt. Das Vorhandensein von flüssigem Wasser ist Vorbedingung für das Leben auf der Erde, da der Hauptbestandteil der Lebewesen Wasser ist.

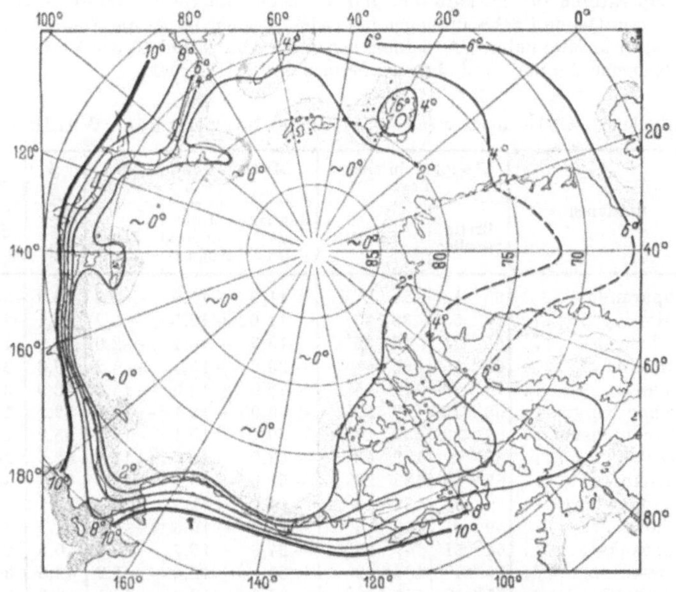

Abb. 10. Lufttemperatur über der Arktis im Meeresniveau im Juli (aus: H. U. Sverdrup, „Handb. d. Klimatologie", Bd. II, Teil K, 1935).

Im hohen Norden ist das Leben nur dort möglich, wo Schnee und Eis durch genügende Sonnen- und Luftwärme den Erdboden freigeben und tränken.

Aus einer Reihe von Klimaklassifikationen, die mit phänologischen und floristischen Tatsachen in Verbindung stehen, wählen wir hier diejenige von W. KÖPPEN. Für die Polar- und angrenzenden Gebiete kommen nur die drei folgenden seiner Zonen in Betracht:

Zone D – winterkalte, subarktische, boreale oder *Schnee-Waldklimate* mit kältestem Monat unter −2° und wärmstem über +10° C;

Zone E – schneereiche Tundraklimate mit wärmstem Monat zwischen +10° und ±0°;

Zone F – Klimate ewigen Frostes mit wärmstem Monat unter ±0°.

Die Tabellen 6, 7 und 8 bringen aus mehrjährigen Beobachtungen mittlere Temperaturen für die kältesten und wärmsten Monate des Jahres sowie die Jahresmittel und Schwankungen in Celsius-Graden; ferner die Niederschlagsmengen in Millimetern. Außerdem geben die Abb. 9 und 10 den Verlauf verschiedener Januar- und Juli-Isothermen im Polargebiet.

Tabelle 6. Orte mit winterkaltem subarktischem Waldklima.

Stationen	Geographische Lage		Mittlere Temperatur ° C.			Schwankung	Niederschlag in mm
	Breite nördlich	Länge	Januar oder Februar	Juli oder August	Jahr		
Haparanda	65° 48′	24° 6′ ö.	− 11,9	+ 15,0	+ 0,3	26,9	510
Kola...........	68° 53′	33° 1′	− 11,6	+ 12,5	− 0,7	24,1	356
Archangelsk	64° 35′	40° 36′	− 13,7	+ 16,2	+ 2,0	29,9	431
Beresow........	63° 56′	65° 4′	− 23,6	+ 15,7	− 4,2	39,3	351
Bulun.........	70° 45′	127° 25′	− 40,9	+ 12,0	− 14,2	52,9	221
Nishne-Kolymsk .	68° 32′	160° 59′	− 40,9	+ 12,1	− 13,0	52,1	171
Werchojansk	67° 33′	133° 24′	− 50,1	+ 15,1	− 16,1	65,2	128
Jakutsk........	62° 1′	129° 43′	− 43,5	+ 19,0	− 11,2	62,5	267
Oimekon	63° 16′	133° 23′	− 51,0	+ 16,4	− 16,5	67,4	—
Petropawlowsk ..	52° 53′	158° 43′	− 11,2	+ 11,9	+ 0,2	23,1	772
Ochotsk........	59° 21′	143° 14′	− 25,2	+ 12,5	− 5,7	37,7	283
Fairbanks	64° 51′	147° 52′ w.	− 24,8	+ 15,7	− 3,2	40,5	289
Dawson	64° 4′	139° 29′	− 30,2	+ 12,4	− 5,2	42,6	315
Coppermine	67° 49′	115° 10′	− 30,4	+ 12,2	− 10,1	42,6	320
McPherson......	67° 26′	134° 53′	− 29,2	+ 14,9	− 8,4	44,1	261
Port Churchill...	58° 51′	94° 10′	− 29,4	+ 12,4	− 7,6	41,8	428

Die Tab. 6 enthält die Orte aus dem an die Arktis angrenzenden subarktischen oder borealen Gebiete. Hier sehen wir, wie groß die Schwankungen zwischen der Sommer- und Wintertemperatur sind. Je näher der Ort dem Meere liegt, desto kleiner wird diese Schwankung und desto reichlicher werden die Niederschläge. Nicht in der eigentlichen Arktis, sondern hier befinden sich die notorischen Kältegebiete der gemäßigten Zone, das eine in Sibirien, um Wechojansk, Jakutsk, Oimekon herum, das andere in Kanada und Alaska um Fairbanks, McPherson, Dawson. Hier schwanken die Sommermittel zwischen 12° und 19° C, die Wintermittel zwischen — 11° und — 51°. Dabei reichen die absoluten Maxima bis + 37,9° (Jakutsk) und die absoluten Minima bis — 70° (Oimekon).

Tabelle 7. Orte mit schneereichem Tundraklima.

Stationen	Geographische Lage		Mittlere Temperatur ° C.			Schwankung	Niederschlag in mm
	Breite nördlich	Länge	Januar oder Februar	Juli oder August	Jahr		

a) Landklima.

Stationen	Breite nördlich	Länge	Januar oder Februar	Juli oder August	Jahr	Schwankung	Niederschlag in mm
Domaschnij - Insel	79° 31′	91° 8′ ö.	— 26,4	+ 0,8	— 14,0	27,2	91
Kap Tscheljuskin	77° 37′	104° 17′	— 25,9	+ 1,5	— 14,1	27,4	108
Dickson-Insel ...	73° 30′	80° 23′	— 28,0	+ 4,3	— 12,7	32,3	166
Sagastyr	72° 23′	124° 5′	— 38,0	+ 4,9	— 17,2	42,9	—
Rußkoje Ustje ..	71° 1′	149° 26′	— 38,4	+- 8,6	— 15,7	47,0	151
Bären-Inseln	70° 43′	162° 25′	— 28,4	+ 1,4	— 14,7	29,8	—
Point Barrow ...	71° 23′	156° 17′ w.	— 28,6	+ 4,5	— 12.8	33,1	136
Wrangel-Insel ...	70° 58′	178° 23′	— 25,3	+- 2,4	— 11,7	27,7	138
Ellesmere-Land..	76° 36′	87° 6′	— 36,8	+ 3,0	— 17,5	39,8	—
Cambridge-Bai ..	69° 24′	96° 48′	— 35,2	+ 6,4	— 15,0	41,6	111
Pond-Inlet......	78° 37′	70° 53′	— 37,6	+ 6,1	— 14,1	43,7	—
Nottingham-Island	63° 7′	77° 56′	— 27,0	+ 6,2	— 9,2	33,2	325
Thule	76° 30′	68° 55′	— 29,4	-+ 4,7	— 12,7	34,1	80

b) Seeklima.

Stationen	Breite nördlich	Länge	Januar oder Februar	Juli oder August	Jahr	Schwankung	Niederschlag in mm
Greenharbour ...	78° 2′	14° 15′ ö.	— 19,1	+ 5,4	— 7,6	24,5	300
Jan Mayen	70° 59′	8° 18′ w,	— 6,3	+ 5,4	— 1,2	11,7	389
Bären-Insel	74° 28′	19° 17′ ö.	— 11,2	+ 4,2	— 3,8	15,4	318
Vardö..........	70° 22′	31° 8′	— 5,6	+ 8,8	+ 0,7	14,4	655
Swjatoj Noß ...	69° 9′	39° 49′	— 9.3	+ 8,3	— 1,1	17,6	398
Godthaab.......	64° 11′	51° 44′ w.	— 10,1	+ 6,5	— 1,9	16,6	596
Ivigtut.........	61° 12′	48° 10′	— 7,4	+ 9,9	+ 0,8	17,3	1128
Angmagssalik ...	65° 37′	37° 37′	— 9,1	+ 7,1	— 1,6	16,2	872
St. Paul-Insel ...	57° 15′	170° 10′	— 5,5	+ 8,3	+ 1,2	13,8	733

Die Tabelle 7 gibt zwei klimatische Typen an, einen mit kontinentalem Charakter an den Orten, die in Sibirien und Alaska an den Küsten des Nordpolar-Meeres liegen und stark durch den Kontinent beeinflußt werden; den anderen mit maritimem Charakter an Orten, die sich unter dem Einfluß der relativ wärmeren Gewässer oder Luftströmungen befinden. Der erstere Typus zeichnet sich durch kältere Winter und wärmere Sommer, der letztere durch relativ unbedeutende Kontraste zwischen Winter- und Sommertemperaturen aus. Die Abstumpfung der winterlichen und sommerlichen Temperatur erklärt sich einmal durch die Wärmetönungen beim Gefrieren und Wiederauftauen, die die Extreme nach beiden Richtungen abschwächen, und ferner durch den Wärmezustrom vom Wasser durch das Eis.

Die letzte Gruppe bilden, wie unsere Tab. 8 zeigt, die Gebiete mit ewigem Frostklima, wo auch im Sommer nur während der Sonnenstrahlung das Eis und der Schnee zum Tauen gebracht werden, sonst aber die mittlere Julitemperatur nicht über ± 0,0° kommt. Aber auch in dieser Eiswelt, sogar auch in Grönland auf der Höhe von 3030 m, erreicht das absolute Minimum (— 64,8°) nicht einmal eine Tiefe von Werchojansk und Oimekon.

Tabelle 8. Orte mit Klima von ewigem Frost.

Stationen	Geographische Lage		Mittlere Temperatur ° C.			Schwankung	Niederschlag in mm
	Breite nördlich	Länge	Januar oder Februar	Juli oder August	Jahr		
Eismitte (Wegener-Exped.)...	71° 11′	39° 56′ W	— 47,2	— 11,2	— 30,2	36,0	203
Ostgrönland (Watkins-Exp.)	67° 3′	41° 49′	— 36,0	— 17,0	—	—	ca.55
„Fram"-Drift[1)..	82° 42′	89° 36′ ö.	— 35,8	+ 0,1	— 19,2	35,9	—
„Sedow"-Drift[1) .	83° (?)	100° (?)	— 37,2	— 0,1	— 16,9	37,1	—
Kronprinz-Rudolf-Land ..	81° 48′	57° 57′	— 23,0	± 0,0	—	23,0	—

Am Pol werden die Wintertemperaturen infolge seiner Lage inmitten des relativ warmen Meeresbeckens wohl nicht diejenigen der Eismitte oder Werchojansk erreichen.

Wie die Forschungen der Wegener-Expedition ergeben haben, stellen die Witterungsverhältnisse auf der Eisplatte Grönlands eine klimatische Sonderart dar: eine Jahresmitteltemperatur von —11,2° und eine mittlere Wintertemperatur von —47,2° bei einem absoluten Minimum von —64,8° C[2]).

Als $1^3/_4$ Millionen qkm große und durchschnittlich 2000 m hohe, kuppelartige, mit einheitlicher Eismasse bedeckte Hochebene hat diese größte Insel der Welt ein eigenes Plateauklima; durch ihr starkes Reflexionsvermögen verringert die Schneedecke die Aufnahme von zugestrahlter Wärme, während der geringere Luftdruck und die Feuchtigkeit der Luft die Ausstrahlung, also auch die Abkühlung der Oberfläche, begünstigen. Es bilden sich somit über Grönland sehr große Massen von Kaltluft, die infolge der Druckunterschiede auf dem Eisplateau und der wärmeren Luft der diese Hochebene umgebenden Freiatmosphäre nach allen Seiten Abflußwinde (Föhne) erzeugen, die weniger heftig im Sommer und stark im Winter sind, wenn sich das große Gewicht der Kaltluftmassen über dem Eisplateau spürbar macht. Daher ist die Sommerzeit, wenn der Schnee durch die Strahlung zum Schmelzen gebracht und in Firn verwandelt wird, die geeignetste Zeit für Inlandreisen. Näher zum Rande des Inlandeises hin ist aber um die Zeit viel Wasser, und es bilden sich vielfach meterhohe Schneemoraste. Im Winter räumen die starken Winde die Kaltluft nicht selten weg und lassen die wärmere Luft der umgebenden Freiatmosphäre einströmen; doch dauern solche relative Erwärmungen nicht lange an, und die eisige Kälte mit Temperaturen bis 64,8° stellt sich bald wieder stabil ein.

Aus dem Vorangegangenen ist ersichtlich, daß bei uns auf der Erde tiefere Minustemperaturen wie in der *Stratosphäre*

---

[1]) Mittlere Lage während der Drift.

[2]) Auf der *Eismitte-Station* wurde zum erstenmal ein Daueraufenthalt des Menschen in der Arktis in 3030 m Höhe durchgeführt. Unter den am höchsten gelegenen ständigen menschlichen Siedlungen (nicht Observatorien) sind zu nennen: in Bolivien: das Dorf S. Vincente, 4580 m (Luftdruck 436 mm) und in Tibet: das Kloster Hanle, 4610 m (Luftdruck 433 mm).

beobachtet werden, und es ist erstaunlich, daß der Mensch Temperaturschwankungen bis 104° C (zwischen +34° und –70° in Oimekon) vertragen kann. Denn unter solchen Verhältnissen erreicht die Differenz zwischen der Körper- und Außenlufttemperatur bis 107° C. Kompensiert wird dieser hohe Energie- und Vitalitätsverbrauch hauptsächlich durch gesteigerte Nahrungszufuhr, die nach KURT WEGENER im Norden dreimal höher ist als in den Tropen.

Es ist notwendig einiges über die *Niederschläge* zu sagen, Wie wir aus den Tabellen 7 und 8 gesehen haben, erreicht der jährliche Niederschlag im größten Teil des Gebiets nicht 250 mm, und somit gehört die Arktis zu den Trockengebieten der Erde.

Zur Vergleichung der Trockenheit der Arktis mit derjenigen anderer Klimate, führen wir hier folgende Niederschlagsquanten an: Kairo 30, Port Said 80, Tripolis 410, Moskau 530, Berlin 580, Amboina-Insel 3450, Fidji-Insel 6280 mm und Cherrapundji in Nordindien bis 11790 mm oder über 11 m jährlich. Im Jahre 1861 wurden im letzten Orte sogar 23 m gemessen!

Versuchen wir nun, das *Polarklima* ganz kurz in auffälligsten Zügen zu schildern. Schon im November stellt sich in der Arktis infolge starker Abkühlung des Packeises und des schneebedeckten Festlandes, besonders bei wolkenlosem und stillem Wetter, eine intensive Wärmeausstrahlung vom Boden ein, und es bildet sich eine kalte Bodenschicht, eine kalte Kappe. Diese Kappe bedeckt das ganze zentralarktische Gebiet und sendet von sich gegen Süden Zungen kalter Luft aus. Die Grenze, wo die Kaltluft dieser Zungen mit der Warmluft in Berührung kommt und wo beim Vorhandensein von großen Temperaturgradienten starke Luftwirbel (Zyklonen) entstehen, wird *atmosphärische Polarfront* genannt. Solche Durchbrüche kalter Luft in die gemäßigten Zonen verursachen große Störungen unserer Witterung.

Der Winter ist im allgemeinen meist trocken, die Bewölkung gering, und es herrscht häufig stilles Wetter. In Ostsibirien, auch in Nordamerika, dauert windloses kaltes Wetter wochenlang. Der Feuchtigkeitsgehalt der Luft ist so gering, daß sich in ihr nur feine Eiskriställchen unter knisterndem Geräusch bilden, und daß jeder Schall erstaunlich weit hörbar ist. Unter solchen Verhältnissen treten die tiefsten Temperaturen auf. Aus dem Verlauf der verschiedenen Isothermen der Luft im Januar (s. Abb. 9) ersehen wir, daß die Wintertemperaturen in Sibirien tiefer sind als im weit nördlicher liegenden Kanadischen Archipel, sogar tiefer als im Zentralpolarbecken selbst. In der Gegend um Werchojansk und Oimekon befindet sich einer der Kältepole der Erde mit einer mittleren Januartemperatur von —50,1° und —51,0° C sowie einem absoluten Minimum von —70° C, im Polarbecken dagegen wurde bis jetzt als niedrigstes absolutes Minimum nur —52° C (NANSEN) beobachtet[1]).

Eine solche Kälte geht nadelgleich durch Mark und Knochen! Bei dieser Kälte erstarrt alles Leben, es herrscht Todesstille, nur das Eis auf den Flüssen, festgefrorener Erdboden und andere Gegenstände geben bei der Zusammen-

---

[1]) Die Eisplatte Grönlands kommt hier nicht in Betracht, da dort die extremen Temperaturen durch die hohe Lage über dem Meeresspiegel bedingt werden.

schrumpfung Laute von sich. Fliegende Vögel oder ein Rentier- oder Pferdegespann auf der Fahrt sind in eine dicke Dunstwolke gehüllt, da der ausgeatmete Wasserdampf der Luft sich in der Luft nicht verflüchtigt, sondern kondensiert. Es bildet sich in den Nasenlöchern der Tiere dickes Eis, das von Zeit zu Zeit entfernt werden muß, damit die Tiere nicht ersticken. Der menschliche Atem vollzieht sich schmerzhaft, mit Knistern der sublimierenden Atemfeuchtigkeit; dabei erstarrt der ausgeatmete Wasserdampf zu feinen Eisnadeln. Daher der sibirische Ausdruck: „knisternde Kälte". Auch die Wände der Holzhäuser frieren durch und bedecken sich von innen mit Eis. Über Nacht kühlen sich die Wohnräume nicht selten bis — 10° und mehr ab. In dieser Zeit verleihen die herrlichsten Nordlichte sowie der Mondschein der nordischen Schneelandschaft einen ganz besonderen Reiz.

Im Frühling erreicht diese kalte Bodenluftschicht eine noch größere Höhe infolge der durch die Sonne hervorgerufenen Konvektionsströmungen, d. h. die spezifische leichtere Luft steigt von unten nach oben, und die kältere schwere Luft sinkt von oben herab. Es herrscht somit meist ein recht günstiges Wetter über dem Polarmeer: geringe Bewölkung bei Windstille und wenig spürbarer Frost bis —20° am Tage. Es ist die geeignetste Zeit für Schlittenfahrten wie auch für Luftfahrten über die Eisfelder. Auf dem Festlande ist der Frühling besonders angenehm, er ist kurz und geht unbemerkt in den Sommer über. Sein plötzliches Erwachen mit strahlender Sonne am heiteren Himmel, intensiver Schneeschmelze, fließendem Wasser, hervorschießenden bunten Blüten und grünen Blättern ist für den Beobachter ein unvergeßliches Erlebnis. Auch die gefiederten Gäste, zuerst die Gänse und gleich hinterher zahlreiche andere Vögel kommen von Süden her zu ihren Brutplätzen und erfüllen die Luft mit lautem Lärm. Aber die Tundra wird um diese Zeit so stark durchnäßt, daß man sie schwer durchwandern kann.

Im Sommer bildet sich über den Eisfeldern eine neue Inversion aus, weil die Luft gerade über dem Eis die Schmelztemperatur des Eises, 0°, nur wenig überschritten hat, während in etwas größeren Höhen warme Luft zugeführt wird. Auf dem Lande verschwindet im allgemeinen die Inversion, weil der Schnee wegtaut und der Erdboden die Sonnenstrahlen intensiv zu absorbieren anfängt. Der Sommer zeichnet sich deshalb besonders in den Polarmeeren und in den dem Wasser benachbarten Gegenden durch viel Nebel aus. Er legt sich auf die Takelung der Schiffe und tröpfelt naß auf jeden Fleck des Decks, er legt sich auf die Kleider und durchnäßt sie. Er ist der größte Feind der polaren Schiff- und Luftfahrt. Auf dem Lande aber ist meistens noch schönes Wetter, obwohl schon Tage mit Minustemperaturen, Schnee und großer Feuchtigkeit vorkommen, die Bewölkung stärker wird und der Boden in den meisten Gegenden noch stark durchnäßt ist. Die Abb. 10 bringt die verschiedenen mittleren Juli-Isothermen, aus denen man ersehen kann, daß über dem eisbedeckten Teil des Polarmeeres auch im Sommer eine gleichmäßige Temperatur von 0° herrscht. In den Küstengebieten ist diese Temperatur aber zwischen +2° und +10° C, während in angrenzenden sibirischen Gebieten mit kontinentalem Klima die Temperaturen im Mittel +19° (mit absolutem Maximum +37,9° in Jakutsk) erreichen. Endlich gegen den *Herbst* nimmt mit beginnendem Schneefall der Temperaturgegensatz in der Vertikale immer mehr und mehr zu, bis sich schließlich der Winter mit kalter Bodenschicht wieder einstellt.

Im allgemeinen kann über das Klima der Arktis gesagt werden, daß dort der Winter sehr lang ist, die Sommer- und die Übergangszeiten kurz. In den nicht zu sehr hohen Breiten dauert der Winter 5 bis 5¹/₂, die anderen Jahreszeiten 2 bis 2¹/₂ Monate.

Als eine Folge klimatischer Verhältnisse, der heutigen und der vorzeitlichen, tritt in Nordasien und Nordamerika die bedeutungsvolle Erscheinung der sog. *Gefrornis* auf. Sie besteht darin, daß unter einer gewissen Oberflächenschicht, die im Sommer auftaut, sich eine mehr oder weniger mächtige Bodenschicht befindet, die ständig gefroren bleibt. Man nennt diese Schicht, deren Erdpartikelchen durch Eis als Bindemittel

Abb. 11. Strandfelsen aus Steineis auf der Großen Ljachow-Insel, Neu-Sibirischer Archipel (aus: O. NORDENSKJÖLD, Die Polarwelt, 1909).

zusammengehalten werden, *Eis-* oder *Frostboden*. In diesem Eisboden befinden sich nicht selten Linsen von reinem Eis, diese werden *Bodeneis* genannt. Außerdem kommen noch im Gebiete der Neu-Sibirischen und Ljachow-Inseln sowie der Unterläufe der Flüsse Lena, Jana und Indigirka starke *Eis-schichten* vor, in denen Kadaver von Mammuten, Nashörnern und anderer Säuger angetroffen werden. Es ist das sog. *Stein-eis* oder *fossiles Eis*, das wahrscheinlich noch aus der Quartär-zeit stammt (Abb. 6 und 11).

Wie die Karte (Tafel II) zeigt, nimmt die Gefrornis in Sowjetrußland ein Areal von über 7 Mill. qkm, etwa 35% des

Russischen Reiches, ein und erreicht im Südosten, bis zum
45. Grad nördl. Breite vorstoßend, das Amur-Gebiet. Es finden sich in diesem Gebiet nur wenige einzelne Stellen, wo
der Boden nicht gefroren ist. Auch Kanada und Alaska weisen
bis zu 30% gefrorenen Boden auf.

Was die vertikale Verbreitung der Gefrornis anbelangt, so
tritt sie in nichtarktischen Gegenden nicht selten schon 3 bis
5 m unter der Oberfläche auf, wobei ihre Stärke gewöhnlich
zwischen 0,5 bis 50 m schwankt. Bei Irkutsk wurde ihre Mächtigkeit aber bis 116,5 m Tiefe verfolgt.

Abb. 12. Tundra in der Tiksi-Bucht an der Lena-Mündung. Zwischen den
Erdhügeln tritt der Eisboden hervor (aus: A. NEJELOW, „Zapiske po gidrografii", Bd. 38, Petersburg 1914).

Sie wird stark durch ungenügende Schneebedeckung zur
Zeit des Eintretens starker Fröste beeinflußt, aber ihre eigentliche Ursache in nichtarktischen Gebieten ist bis jetzt nicht
ganz aufgeklärt.

Es muß die Gefrornis der südlichen sibirischen Gebiete
streng von solcher der Arktis unterschieden werden, wo diese
eine allgemeine Erscheinung ist. Hier taut die Erde nur während des kurzen Sommers höchstens bis 25—40 cm auf. Unter
dieser Schicht aber liegt der ewige Frostboden (s. Abb. 12).
Bei Barentsburg auf Spitzbergen, in Amderma an der Kara-
See, im Hafen von Ust-Jennisseisk am Jenissej-Fluß und in

Nordvik an der Chatanga-Bai erreichten die Bohrungen Tiefen von 400–600 m, ohne die untere Grenze festzustellen.

Soweit bis jetzt bekannt, wurde die Gefrornis unter dem Meeresboden nicht festgestellt, dafür aber wurden, z. B. im Küstenstrich zwischen 120 und 170° östl. Länge um die Neusibirischen Inseln herum sowie in der Eschscholz-Bucht im Kotzebue-Sund in Alaska sowohl über als unter dem Meeresniveau Eisschichten bis über 50 m Dicke konstatiert.

Die *Gefrornis* hat eine große *physiogeographische Bedeutung*, die für die schwache Entwicklung der Kultur im Norden ausschlaggebend ist. Zunächst benachteiligt sie die Flüsse in ihrem Wasserhaushalt, veranlaßt sie, ihr Bett in horizontaler Richtung auszubauen, verursacht das Gefrieren des Wassers bis zum Boden, was mit großen Schäden an den Fischbeständen verbunden ist usw. Die Gefrornis vermindert das Gedeihen der Wälder, wenn die

Abb. 13. Unterirdische Eisbildung, sog. „*Náledi*“, die einen Hügel von 43 m Länge, 17 m Breite und 7,5 m Höhe emporhob (aus: W. SCHOSTAKOWITSCH, „Zeitschr. Ges. f. Erdk.“, Berlin 1927, Nr. 7/8).

Auftaubodenschicht nicht mächtig genug ist, den über der Eisschicht horizontal ausbreitenden Wurzeln der Bäume genügend Halt zu geben; und da, wo viel Regen fällt, läßt diese Eisschicht das Wasser nicht durch und verursacht Versumpfung. Es kommen auch die sog. „unterirdischen *Naledi*“ vor, die den Wald hochheben (s. Abb. 13). Aber der Schaden für Landwirtschaft durch die tieflagernde Gefrornis ist nicht von Belang, denn es stehen auf dem von ihr betroffenen Gelände riesige Nadelwälder, auch wird dort Acker- und Getreidebau betrieben. Bedeutend gefährlicher ist sie wegen ihrer Wasserundurchdringlichkeit für die Bautechnik, nämlich für den Bau und Betrieb von Kanalisationen, Wasserleitungen und Brunnen, ferner bei Eisenbahn- und Hafenanlagen und anderen großen Bauten. In vielen Fällen schließt sie solche gänzlich aus. Das Grundwasser wird durch die darunterliegende gefrorene Schicht gezwungen, zwischen dieser und der daraufliegenden, im Sommer auftauenden Schicht zu fließen. Hier entstehen während der Bauarbeiten Erdrutschungen und schlüpfriger Schlamm. In manchen

Fällen bilden sich beim Zusammenwirken von Gefrornis und Grundwasser
sog. „*Tarymen*", nämlich Ausbrüche von Grundwasser in heizbare Räume,
wie es die Abb. 14 zeigt.

Eine weitere klimatische Erscheinung, die zum Teil bereits
im Kapitel III erwähnt wurde, ist die *allgemeine Erwärmung
der Atmo- und Hydrosphäre*, die sich seit 1920 im Norden
ganz besonders bemerkbar gemacht und anscheinend jetzt den
Höhepunkt überschritten hat.

Als deutliche Anzeichen dieser Erscheinung in der Atmosphäre sind die
Abweichungen von langfristigen Jahresmitteltemperaturen auf den nördlichen Stationen zu betrachten, so z. B. auf Spitzbergen +1,7°, auf Jan

Abb. 14. In Fällen, wo das unterirdisch fließende Wasser im Winter durch
die Gefrornis eingeengt wird, können sog. „*Tarymeisbildungen*" entstehen:
unter großem Druck steigt das Wasser in die heizbaren Gebäude und füllt
diese mit Eis (aus: W. SCHOSTAKOWITSCH, „Zeitschr. Ges. f. Erdk."; Berlin
1927, Nr. 7/8).

Mayen +1,3°, auf der Bären-Insel +1,8°, in Jakobshavn +2,5°, auf
Franz Joseph-Land +3,6° und in Malyje-Karmakuly (Westküste von
Nowaja Semlja) +1,2°, wobei die Wintermonate besonders mild geworden
sind: für Spitzbergen war der Winter 1937/38 gegenüber dem von 1916/17
im Mittel nicht weniger als um 16° wärmer, für Franz Joseph-Land 7° und
Malyje Karmakuly 3,1°. Auch an den Küsten Grönlands und Nordamerikas
ist der Winter bedeutend wärmer geworden; in Nordkanada z. B. ist mittlere
Abweichung der Januartemperatur = +2,2°. Dasselbe kann über Leningrad und zum großen Teil auch über Moskau gesagt werden. Auch im zen-
tralen Nordpolarmeer machte sich dieser Vorgang bemerkbar, und zwar, wie
schon erwähnt (S. 23), durch größere Wärme in den tiefen Schichten, besonders aber durch die hohen mittleren Lufttemperaturen. In Tab. 9 sind
Lufttemperaturen angeführt, die 1894/95 von NANSEN auf der „*Fram*" und

1938/39 von BADIGIN auf dem „*Sedow*" im Nordpolar-Meer gemessen wurden. Man ersieht daraus eine bedeutende Erwärmung der letzten Zeit. Das gleiche bestätigen auch die Beobachtungen über die Lufttemperatur der PAPANIN-Expedition 1937/38.

Tabelle 9. Lufttemperaturen im Bereiche der „Fram"-Drift (1894 bis 1895) und „Sedow"-Drift (1938 bis 1939).

Monate	„Fram"			„Sedow"			Tempe-ratur-unter-schied °
	Mittlere Lage		Tempe-ratur °	Mittlere Lage		Tempe-ratur °	
September .	81° N	123° ö.	— 8,3	83° 5′ N	140° ö.	— 3,8	+ 4,5
Oktober ...	85° 5′	117°	— 22,3	84°	135°	— 12,8	+ 9,5
November .	82°	111°	— 30,9	85°	127°	— 21,5	+ 9,4
Dezember .	83°	106°	— 35,0	85°	130°	— 22,4	+ 12,6
Januar....	83° 5′	103°	— 33,7	85°	125°	— 31,1	+ 2,6
Februar ...	83° 5′	103°	— 37,2	86°	120°	— 30,2	+ 7,0
März	84°	101°	— 35,0	86°	112°	— 37,2	— 2,2

Als weitere Folge dieser Erwärmung der Luft sehen wir in den letzten 20 Jahren das Zurücktreten der *Gletscher-* und der *Schneegrenze*[1]) im Polargelände sowie der *Pack-eisgrenze* im Polarmeer. Ferner hat sich dieser Wärmevorgang auch in der Lage der *Bodenfrostgrenze* sehr deutlich ausgedrückt: in Sibirien, am Nordural und in der Umgebung der Stadt Mesen ist sie bedeutend nach Norden zurückgegangen. Im letzten Ort z. B. lag diese Grenze 1837 40 km südlicher als im Jahre 1939. Sogar in Grönland, wo 1921 die Ausgrabungen im Frostboden geführt wurden (s. S. 83), fand man in den letzten Jahren aufgetauten Boden. Dementsprechend verliefen auch alle phänologischen Erscheinungen, nämlich Aufblühen der Pflanzen, Wanderungen der Vögel usw.

Als mittelbare Ursache dieser Erscheinung müssen in erster Linie die intensivere atmosphärische Zirkulation vorwiegend in dem Nordatlantik, ferner als unmittelbare Ursache wahrscheinlich kosmische Faktoren: die stärkere Intensität der Sonnenstrahlung, Periodizität und Intensität der Sonnenflecken u. a. m. angesehen werden.

Es bestehen mehrere Meinungen über die Dauer einer Sonnenfleckenperiode (11,3- und 35,5 jährige u. a.), da aber unsere Beobachtungsreihen der

[1]) Vor der Erwärmung befand sich nach H. HESS (1904) die Schneegrenze in folgenden Höhen in m: Grönland 1000, Spitzbergen 600, Nowaja Semlja 400 und Franz Joseph-Land 200.

Sonnenflecken noch nicht genug von längerer Dauer und unsere instrumentalen meteorologischen Messungen nicht einmal 200 Jahre alt sind, so können daraus heute noch keine sicheren Schlüsse gezogen werden.

Geschichtliche, nicht instrumentelle meteorologische Beobachtungen reichen sehr weit zurück und berichten von sehr großen Klimaschwankungen, besonders vom strengen Winter, wie z. B. über die ellendicke Eisdecke über dem Schwarzen Meer im Jahre 673, über das Gefrieren des Nils im Jahre 827, über eine sehr kalte Periode 1000—1099, während der der Nil und das Schwarze Meer mehrmals vereist waren usw. Aus denselben geschichtlichen Überlieferungen können wir schließen, daß es auch im Norden neben kalten auch wärmere Zeiten gegeben hat. So müssen z. B. zur Wikingerzeit (10. bis 13. Jahrhundert) die klimatischen Verhältnisse im Nordatlantik des öfteren sehr günstig gewesen sein, als EIRIK RAUDE (984–987) und andere Normannen mit ihren leichten Fahrzeugen, vom Eis unbehindert das Polargebiet bis Grönland und Svalbard (Spitzbergen) kreuz und quer befahren konnten. Die damaligen Eisverhältnisse müssen besser als die späteren gewesen sein, und diesem Umstand ist die erfolgreiche Kolonisation Grönlands durch die Normannen zu verdanken.

Die neueren Zusammenstellungen über Klimaforschung lassen endgültig erkennen, daß während der historischen Zeit nirgends eine Klimaänderung zu bemerken ist. Das Klima bleibt entweder beständig oder zeigt eine gewisse Tendenz zum Feuchterwerden. Es finden sich auch keine Anzeichen, daß die Erde seit Beendigung der Eiszeit einer Tendenz zum ununterbrochenen Austrocknen folge. Es kann noch hinzugefügt werden, daß auch die fortschreitende Landeskultivierung, die bedeutende Flächen mit Waldbeständen in Prärien und Steppen verwandelt, anderswo wieder neue Pflanzungen angelegt und in diesem Zusammenhang den Wasserhaushalt mancher Flußläufe gestört hat, nachweisbar eine entsprechende Änderung weder in der Temperatur noch in der Menge der Niederschläge hervorgerufen hat. Man kann also im Mittel den Wärmezustand der Erde als konstant betrachten und sich mit dem hervorragenden Klimaforscher WLADIMIR KÖPPEN einverstanden erklären, daß in den letzten 5ooo Jahren die verschiedenen Klimate unserer Erde sich nicht wesentlich verändert haben; in seiner Kindheit aber wird das Menschengeschlecht offenbar große Klimaänderungen – Eis- und Warmzeiten – durchlebt haben.

Ein großes Verdienst um die Erforschung der physikalischen Verhältnisse, besonders in den Polargebieten, kommt dem Vorschlag von C. WEYPRECHT (1875) zu, während 1882—1883 in beiden Polarkalotten *stationäre meteorologische und erdmagnetische Beobachtungen* zu organisieren. Sein Aufruf hat allgemein Widerhall gefunden, und es kamen an 15 Polarstationen Beobachtungen, das sog. I. Internat. Polarjahr, zustande.

Ein Jahr simultaner Beobachtungen bewiesen, daß solche Beobachtungen auch weiter notwendig sind, und bewegte zur Errichtung von Stationen an der Peripherie des Polargeländes. Die Zahl dieser Stationen fing erst langsam, dann aber schneller an, sich zu vergrößern und übertrifft heute weit 100, wie es aus unserer Karte ersichtlich ist. Der weit größte Teil dieser Stationen versieht den Wetterdienst und sendet tägliche Funkmeldungen über den Zustand der Witterung.

Auf Anregung der Deutschen Seewarte in Hamburg kam 1932/33 ein *II. Internationales Polarjahr* zustande. Unter der Beteiligung von 15 Staaten[1]) wurden allein in der Arktis etwa 200 Stationen für exakte, nicht nur allein geophysikalische (terrestrische und aerologische), sondern zum Teil auch für ozeanographische und biologische Beobachtungen ausgerüstet. Dabei lag die ganze Organisation in Kopenhagen beim Direktor des Meteorologischen Instituts DAN LA COUR.

Die während des Weltkrieges und in der ersten Nachkriegszeit durch die Luftfahrt mit Zeppelinschiffen erzielten großen Erfolge erweckten in Deutschland (W. BRUNS) und in den Vereinigten Staaten (V. STEFANSSON) den Gedanken, die zentrale arktische Eiswüste als den kürzesten Weg für den Luftverkehr zwischen Europa einerseits und Nordamerika und Ostasien andererseits zu benutzen. Um die zur Verwirklichung dieser Idee notwendigen Erforschungen durchzuführen, bildete sich im Jahre 1924 in Berlin die *Internationale Gesellschaft „Aeroarctic"*. Neben der Aufgabe, mit Luftfahrzeugen die Arktis in physikalisch-geographischer Beziehung zu erforschen, beabsichtigte die Gesellschaft gleichzeitig, im Norden das vorhandene Netz von Beobachtungsstationen weiter auszubauen und somit durch *ständige Überwachung der Arktis* eine feste Grundlage für den künftigen Luftverkehr zu schaffen (s. S. 143 und 156).

V. Die Lebewelt der Arktis.

A. Die Biosphäre.

Der Wohn- und Bewegungsraum der Lebewesen erstreckt sich auf alle drei Schichten unserer Erde, auf die Litho-, Hydro- und Atmosphäre, er durchdringt den festen Boden in seiner obersten Schicht, dazu die Luft und das Meer bis zu

---

[1]) Deutschland hat sich aber infolge der Finanzkrise nicht beteiligt.

beträchtlichen Höhen und Tiefen, in der Arktis bis zu 3000 m Höhe und über 5000 m Tiefe. Wie überall, so ist auch in der arktischen Region das Leben der Pflanzen, Tiere und auch des Menschen vom Klima und anderen Umweltsbedingungen abhängig. Der von Menschen besiedelte Raum kennt infolge des menschlichen Anpassungsvermögens und dank der Fortschritte seiner Technik fast keine Grenzen.

Das Studium der Vorgänge in der biologischen Welt führt uns vor allem zu der Erkenntnis, daß der zum großen Teil einheitliche und zirkumpolare Charakter unserer nordischen Floren und Faunen sich im engen Zusammenhang mit denen der unserer Zeit vorangegangenen Epochen befindet.

Während der *Tertiärzeit,* in der sich die nordischen Floren und Faunen entwickeln konnten, war das Klima in der Arktis wärmer als das heutige, wahrscheinlich ähnelte es dem der Steinkohlenzeit, die sich geologisch durch außerordentlich starke Gebirgsbildung und floristisch durch mannigfaltigen Pflanzenreichtum, besonders Wälder von baumhohen Farnen und riesigen anderen Pflanzen, auszeichnete. Darin lebten zahllose Riesenwirbeltiere. Wir sehen auf unserer Karte (s. Abb. 15), daß schon damals der heutige Panamakanal durch die Natur selbst gewissermaßen vorgesehen war und der Atlantik mit dem Pazifik freie Verbindung hatte. Das Nordpolar-Meer aber war damals weder durch das Tor zwischen Spitzbergen und Grönland noch durch die Bering-Straße, sondern nur durch das Ob-Meer, die heutige Westsibirische Niederung, mit dem Weltmeer verbunden. Also die Landfloren und -faunen besaßen zu der Zeit eine ununterbrochene Verbindung sowohl zwischen Europa und Nordamerika als auch zwischen Nordamerika und Asien. Das Nordpolar-Meer war seit noch früheren geologischen Epochen stets vorhanden und muß daher eine ureingesessene Fauna besessen haben, zu der sich in der Tertiärzeit und später Einwanderer aus dem Atlantik und Pazifik in großer Anzahl gesellt hatten.

Es bestehen auch Gründe dafür, anzunehmen, daß die *isolierten Abyssale,* d. h. Tiefen des Zentralbeckens, des Europäischen Nordmeeres und des Baffin-Meeres erst in der Zeit

48

zwischen dem Quartär und Tertiär entstanden sind. Daraus erklärt sich auch die noch heute große Einheitlichkeit der Faunen der Bodentierformen[1]).

Die *Quartärzeit* zerfällt in die ältere *Diluvial-* oder *Eiszeitperiode*, die etwa vor einer halben Million Jahren begann, und die folgende jüngere *Alluvialzeit*, die bis in die Gegenwart fortdauert. Die Eiszeiten bildeten den größten Teil des *Quartärs*, und während ihrer Dauer waren der größte Teil Europas, Nordasiens und Nordamerikas sowie die Höhenzüge Südamerikas mit Inlandeis und Gletschern bedeckt. Ein Bild von

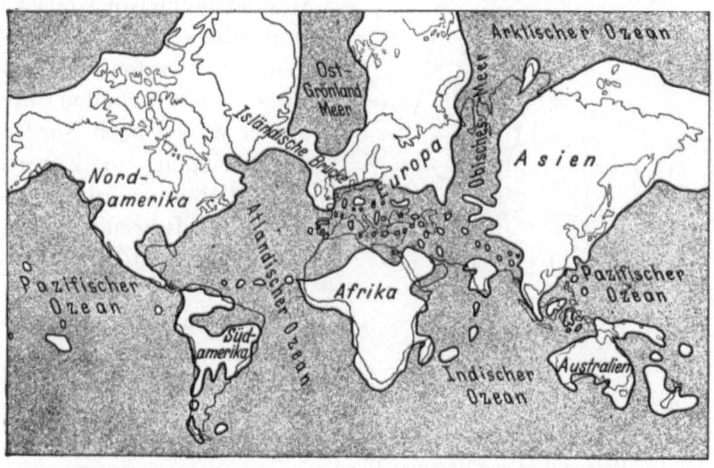

Abb. 15. Festländer und Meere in der älteren Tertiärperiode (nach KOKEN und ARLDT aus: W. BÖLSCHE, „Festländer und Meere im Wechsel der Zeiten", 1921).

solcher Vereisung im „kleinen" besitzen wir heute in Grönland. Die *Diluvialperiode* charakterisierte sich durch wiederholt wechselnde Abkühlung und Erwärmung der Luft, durch Senkung des Spiegels der Ozeane und viele andere Erscheinungen, auf die wir hier nicht eingehen können, die aber von ausschlaggebender Bedeutung für die Existenz und infolgedessen auch für die Verbreitung der Pflanzen und Tiere gewesen sind. Die verschiedenen von den Geologen angenom-

[1]) Nach E. Gurjanowa sind von 174 Krebstierarten (*Isopoden* und *Amphipoden*) aus den Tiefen zwischen 600 bis 3300 m dieser drei Becken 110 oder 62,6% gemeinsame Formen.

menen Eiszeiten folgten aufeinander nach verhältnismäßig kurzen Unterbrechungen. Sie vernichteten einen Teil der Pflanzen- und Tierbestände nicht nur in allen nordischen Gebieten, sondern auch tief im amerikanischen und eurasiatischen Kontinent, und veranlaßten einen anderen Teil, in südlicheren Gebieten Zuflucht zu nehmen. Dabei fanden diese Refugialfloren und -faunen auf ihrer Auswanderung in Nordamerika und Sibirien keine Schranken, sie konnten sich auf diese Weise erhalten, um später wieder nach Norden vorzudringen; in Europa aber stießen sie an die Alpen und erfuhren hier teilweise eine vollständige Austilgung.

Es wird allgemein angenommen, daß das Ende der Tertiärzeit zugleich die Übergangszeit gewesen ist zu unserer Epoche. Sie wurde damit die Zeit des größten Phänomens der Geschichte unseres Planeten, der *Menschenwerdung*. Aus dieser und der ihr folgenden Zeit besitzen wir die ersten sicheren Beweise, daß die „menschliche Hand" in Erscheinung trat, nämlich primitivste Steinwerkzeuge von der Hand des Urmenschen bis zu künstlerischen Schnitzereien aus der Steinzeit auf Mammutelfenbein. Darunter finden sich auch Abbildungen vom gleichzeitig mit dem Künstler lebenden Mammut (s. Abb. 16).

Abb. 16. Erzeugnisse aus Mammut-Elfenbein aus der spätdiluvialen Kultur. Von oben nach unten: Schnitzerei am Griff eines Dolches aus Rentierhorn (British Museum); Gemälde eines Mammuts von der Hand eines spätdiluvialen Menschen auf der Wand der Grotte von Combarelles; eingeritzte Zeichnung eines Mammuts aus der Höhle La Madeleine (aus: BÖLSCHE, „Der Mensch der Vorzeit", I, 1921).

B. Die Pflanzenwelt.

Was nun die Pflanzenwelt des Nordpolargebiets anbelangt, so gilt für ihre Zusammensetzung und Verbreitung dasselbe, was auch bei der Betrachtung der Tierwelt zu sagen ist, daß sie nämlich von vorzeitlichen sowie von jetztzeitigen Faktoren – Verteilung und Beschaffenheit des Landes – abhängt. Infolgedessen ist die arktische Flora auch zirkumpolar und ziemlich einheitlich; ebenfalls verläuft die für die Abgrenzung der Arktis gewählte Juli-Isotherme von $+10°$ und die ihr fast parallel folgende Grenze zwischen Tundra und Wald nicht längs der Breitengrade, sondern zeigt Abweichungen nach Norden und Süden. Sie steigt in Sibirien auf den drainierten Böden der Flußläufe, z. B. an dem Chatanga-Fluß, bis 72° 3o′ n. Br. und sinkt im hochgelegenen und mit Inlandeis bedeckten Labrador bis zu 52° n. Br. In Gebirgsgegenden hängt die Baumgrenze sowohl von der geographischen Breite und Höhenlage ab als auch von der Exposition gegenüber der Sonnenstrahlung und verschiedenen Winden.

Die Verbreitung der Pflanzen innerhalb dieser Grenze hängt aber in erster Linie von der Sonnenstrahlung ab. Es ist bekannt, daß am Äquator jedem Quadratmeter Fläche mehr Sonnenhitze zukommt als irgendwo anders auf der Erde, worüber wir schon im Abschnitt über das Klima gesprochen haben (s. Abb. 8). Man muß aber dabei nicht vergessen, daß die Stunden des sommerlichen Sonnenscheins an Zahl zunehmen, je weiter wir uns vom Äquator nordwärts entfernen.

Hier kommen die Wirkungen der obenerwähnten *mikroklimatischen Erscheinungen* zur Hilfe und ermöglichen dem Pflanzenwuchs erträgliche Daseinsbedingungen. Überzeugende Beispiele dafür liefert uns das Vorhandensein von Weideland mit Gras und Blumen sowohl auf Franz Joseph-Land als auch selbst am äußersten Rande des nördlichsten Gestades unseres Erdballs, an der Nordküste Grönlands unter 83° 4o′ n. Br., wo das Polarrind und Rentier im Sommer für gewöhnlich noch Nahrung finden!

Andererseits gibt es viel weiter südlich gelegene Orte in Sibirien (z. B. Werchojansk und Oimekon) sowie in Alaska und Kanada (Fairbanks, Dawson, Fort Yukon u. a.), wo trotz der im Vergleich zu höheren Breiten weit kälteren Winter-, aber auch viel höheren Sommertemperaturen große Wälder stehen und eine üppige Vegetation mit Blumenpracht sich entwickelt. Es übt hier also nicht die Winterkälte, sondern die Sonnenwärme den entscheidenden Einfluß aus.

Im großen und ganzen aber ist das Verhältnis zwischen der Einstrahlung und Ausstrahlung in der Arktis derartig, daß das Endergebnis meist ungünstig bleibt, da, wie schon oben gesagt, der Weg der Strahlen bei der niedrig stehenden Sonne hier durch die Atmosphäre länger ist als anderswo. Außer dem Mangel an Sonnenstrahlung kommt noch der Mangel an flüssigem Wasser hinzu. Niederschläge sind zwar an sich nicht gering, aber sie bilden sich schnell zu Eis um, womit ihre Aufnahme durch die Pflanzen sehr erschwert wird. Hierin liegt eins der Haupthindernisse für das Pflanzenwachstum in den hohen Breiten.

Auch in anderer Beziehung müssen in der Physiologie der Pflanzen im Norden große Umstellungen stattfinden, und zwar in erster Linie in bezug auf den Assimilationsprozeß, d. h. die Bildung von Kohlehydraten aus der Kohlensäure der Luft und Wasser unter Ausscheidung von Sauerstoff. Denn wie bekannt, spalten die grünen Pflanzen die Kohlensäure der Luft unter der Einwirkung der Sonnenstrahlen, verwerten den Kohlenstoff zum Aufbau organischer Verbindungen und scheiden den Sauerstoff aus. Im Dunkeln dagegen unterbleibt dieser Vorgang. In niederen Breiten, wo Tag- und Nachtwechsel stattfindet, geschieht dieser Prozeß in relativ kurzen Pausen, im Norden aber wechseln sehr lange Tag-Assimilationen mit assimilatorischer Ruhezeit während der langen Polarnacht. Infolgedessen sind auch die parallelgehenden Wachstums- und Ruhepausen hier sehr lang. Schon bei Temperaturen in der Nähe des Nullpunktes hört die Bewegung der Pflanzensäfte auf, bei Minustemperaturen aber frieren sie fest ein. Der Lebenszyklus der Pflanzen muß sich daher auf ein sehr kleines Maß beschränken.

Infolge der kurzen Vegetationszeit vollzieht sich im Norden das Wachstum der Pflanzen sehr langsam. So erreicht z. B. in Westsibirien eine Kiefer in 200 und eine Zirbelkiefer in 260 Jahren einen Umfang von 48 cm in der Brusthöhe. In unseren Breiten braucht ein solcher Wald nur 25—35 Jahre zu wachsen, bis die Stämme diesen Umfang erreichen. In Ostgrönland wurden an einem 10 mm dicken Birkenstamm 67, in Lappland an einem 83 mm dicken Wacholderstamm 544 und am Lena-Unterlauf an einer 4 m hohen und 50 mm dicken Lärche 115 Jahresringe gezählt. Dementsprechend ist auch die Samenerzeugung hier sehr spärlich und erfolgt in großen Zeitabständen; für die Kiefer in Nordfinnland z. B. etwa einmal im Jahrhundert, in Nordsibirien also wahrscheinlich noch seltener.

Durch rücksichtslose Raubwirtschaft und planlosen Ausbau der Holzindustrie im europäischen Rußland sind in letzter Zeit erst riesige Versumpfungen und ihnen folgend Moore entstanden. Auch in Sibirien werden große Waldbezirke durch Blitz, weniger große durch vom Menschen verschuldete

Brände vernichtet. Wo aber heute im Norden der Wald einmal entfernt
wurde, wächst kein neuer Wald wieder, vielmehr nimmt jetzt die Tundra
von seinem Raum Besitz.

Trotzdem beläuft sich die Artenzahl der *arktischen Flora,*
abgesehen von Moosen, Flechten, Algen, Pilzen und Bakterien,
auf 1400—1500 Arten, vorwiegend mehrjährige Pflanzen.

Zu den arktischen *Blütenpflanzen* gehören: Riedsauer- und
Wollgräser, Kreuzblütler, Hahnenfußgewächse, Steinbrech-
arten, Dryasgewächse, Heidekrautgewächse, Beerensträucher,
Hungerblumen, besonders auffällig unter ihnen sind Mohn,
Arnika, Löffelkraut, Ranunkeln, Erika, Vergißmeinnicht, klein-
wüchsige Weidenarten und Birken. Die Bestäubung besorgen
wie überall zum großen Teile die Insekten.

Unter den niederen Pflanzen der Arktis sind von großer
ökonomischer Bedeutung Flechten und Moose, darunter das
Rentier- und isländische Moos (Cladonia rangiferina und
Cetraria islandica). Zusammen mit Gräsern breiten sie sich
.auf weite Strecken in Lappland und in den sibirischen und
kanadisch-amerikanischen Tundren aus und liefern den Rentieren und Polarrindern (in Kanada und Grönland) ergiebige
Weideplätze. Außerdem stellen sie hier in zahllosen Sümpfen
eine reichhaltigere Nahrung für zahlreiche Enten- und Gänse-
arten dar.

Die *Blütenpflanzen* sind in der Regel klein und niedrig, ihre Blätter stehen
nahe beieinander; die Blüten sind nicht selten lebhaft gefärbt und duften
stark, haben aber kurze Stengel und schmiegen sich dem Boden an, um
dessen Wärme auszunutzen. Infolge der oben erwähnten Tatsache, daß die
Pflanzen ungenügend Wasser aus dem Boden erhalten, und infolge geringer
Feuchtigkeit der Luft und der kalten trocknenden Winde, sind die meisten
Pflanzen trockenwüchsig (xerophytisch) entwickelt, d. h. sie besitzen mächtige Wurzeln, aber dabei harte lederartige oder auch saftige Blätter, drängen
sich wie im Hochgebirge zu Polstern zusammen, um der Gefahr der Aus-
trocknung zu entgehen.

Der Artenbestand der Floren der einzelnen Polargebiete und -inseln
hängt vor allem von ihrer Größe und der geographischen Breite ab. Je weiter
entfernt vom Süden und je kleiner das Gebiet ist, desto ärmer die Flora an
Formen. Die sehr kalten Gebiete von Jakutien, Kanada und Grönland
besitzen noch sehr reichhaltige Floren von Blütenpflanzen, nämlich nach
W. KOMAROW 1190, 750 und 375 Arten.

Folgende Aufzählung gibt die Anzahl der höheren Pflanzenarten in verschiedenen anderen arktischen Gebieten an: Franz Joseph-Land 25, Axel-
Heiberg-Land (kanad.-amerik. Archipel) 34, Kotelnyj-Insel (Neusibirische
Inseln) 36, Jan Mayen 40, Bären-Insel 50, King William-Land (kanad.-
amerik. Archipel) 65, Baffin-Land 100, Ellesmere-Land 115, Spitzbergen 125

(dabei allein in Nordostland 64), Innere Taimyr-Halbinsel 194, Nowaja Semlja 208 (davon die Südinsel 202 und die Nordinsel 166). Die Zirkumpolarität dieser Floren ist aus folgendem Vergleich (von A. TOLMATSCHEW) mit der Flora der kleinen Waigatsch-Insel mit ihren 188 höheren Pflanzen zu ersehen. Von jenen 188 Arten kommen gleichzeitig vor: in Spitzbergen und Franz-Joseph-Land 108, in Grönland 129, im arktischen Skandinavien und Russisch-Lappland 150, im arktischen europäischen Rußland 154, im arktischen Amerika 157, in Nowaja Semlja 162, im arktischen Sibirien 179.

An die Tundra grenzt das *Waldgebiet,* das in Sibirien *Taiga* genannt wird[1]). Es beginnt von Norden her hier nicht gleich als Wald, sondern zuerst in Gestalt einzeln stehender, zerstreuter, krumm gewachsener Lärchen mit Beimengung von anderen Nadel- und Laubbäumen. In Eurasien sind es in erster Linie krüppelartige *Lärchen, Birken, Fichten, Pappeln* u. a. Arten, in Amerika *Fichten,* seltener *Lärchen* oder *Weißbirken, Espen, Balsampappeln* u. a. Eigentliche Wälder, wie wir sie kennen, kommen erst bedeutend südlicher vor. Sie bestehen in Eurasien aus *Fichten, Kiefern, Lärchen, Zirbelkiefern* und *Pappeln, Birken* u. a. In diesem Gebiet, besonders in Ostsibirien, ist die Vegetation sehr mannigfaltig, unter anderem kommt hier auch das duftende Rhododendron fragrans vor.

Es ist noch zu erwähnen, daß die im Norden wildwachsende und weitverbreitete *Molte-, Schell-* oder *Torfbeere (Rubus chamaemorus),* ferner *Moos-, Kranich-, Kranz-* oder *Sumpfbeere (Vaccinium oxycoccus), Löffelkraut (Cochlearia officinalis)* u. a. als bewährte Mittel gegen Skorbut gebraucht werden.

Der Mensch hat von den Polargewächsen viel Nutzen. Ihr langsam wachsendes Holz ist wirtschaftlich sehr wertvoll, da es große Festigkeit besitzt. Selbst von *Getreidepflanzen* gedeihen noch im hohen Norden, allerdings nicht in der Arktis in unserem engeren Sinne, der gegenüber Klima und Boden sehr wenig anspruchsvolle *Roggen* und sogar *Weizen* sowie *Gerste* und *Hafer.* Selbst Gemüsebau ist an der Indigirka und sogar am *sibirischen Kältepol* — in Werchojansk und Oimekon — im gewissen Umfange möglich.

Was nun die *Meeresvegetation* anlangt, so muß hier vor allem die *Großalgenflora* Erwähnung finden. Reichlich wachsende Tange umkränzen als schmaler Gürtel das Litoral der

---

[1]) *Taiga* (im europ. Rußland *Taibola*) bedeutet eine sowohl an die Tundra angrenzende versumpfte und spärlich mit Wald bewachsene Fläche, als auch ein dichtiger, oft sumpfiger Wald.

54

Küsten von Festland und Inseln. Die Binnenseen und Flüsse besitzen wie überall eigene Floren. Für das Gepräge der Meeresflora ist bestimmend hauptsächlich die Temperatur und der Salzgehalt des Wassers, sodann die Stärke des eindringenden Lichtes, dessen Intensität schon in der Tiefe von 200 m so gering ist, daß eine Assimilation bei den meisten Pflanzen nicht mehr möglich ist.

C. Die Tierwelt.

In der Arktis setzt sich die Tierwelt aus einer verhältnismäßig armen Land- und einer reichhaltigen Meeresfauna zusammen. Die unwirtlichen klimatischen und kargen Vegetationsverhältnisse bedeuten in erster Linie wesentliche Schranken der Entfaltung für die Landwirbeltierfauna. Den Säugern unter ihnen dient als Schutzmittel gegen die Kälte ein kräftiger, langhaariger Pelz, eine dicke Fettschicht (Speck) unter der Haut sowie bei sehr vielen Tieren weiße Färbung der Haare (bzw. bei den Vögeln der Federn), die im Sommer die Ein- und im Winter die Ausstrahlung der Wärme hindert. Die weiße Farbe dient den Tieren, die den Winter in der Arktis verbringen, auch als Schutzmittel gegen die Feinde durch mimetische Anpassung an die Umgebung. Jene Tiere, die sich nicht vor der Winterkälte genügend schützen können, wie das Rentier, das Polarrind und die weitaus meisten Vögel, unternehmen *Wanderungen* in klimatisch mildere Gegenden. Die übrigen Tiere, die sich weder des einen noch des anderen der erwähnten Schutzmittel bedienen können, verfallen in *Winterschlaf*, den einer Starre ähnlichen Zustand, in dessen Verlauf sich ihre physiologischen Funktionen bis aufs äußerste einschränken.

Betrachten wir jetzt einmal einzelne besonders auffällige Vertreter der arktischen Tierwelt nach den Hauptlebensbezirken. Als ureingesessene *Landtiere* sind hier zu nennen: das *Rentier*[1]) und seine kanadische Form — der *Karibu*, ferner

---

[1]) Das *Rentier* hat seinen Namen vom skandinavischen Worte *rēn*, *rēnsdyr*. Daher mit einem „n" zu schreiben. Man unterscheidet heute etwa 8 Arten und Unterarten vom Rentier in der Arktis.

das nur auf Nordkanada und auf Grönland beschränkte und mit Unrecht *Moschusochs* genannte *Polarrind*, der *Eisbär*, der *Tundrawolf*, der *Polar-* oder *Eisfuchs*, der *Schneehase* und der *Lemming*, dazu kommen als Überläufer aus angrenzenden südlicheren Gebieten der *Wolf*, der *Vielfraß*, der *Fuchs* und das *Hermelin*. Der Eisbär und der Polarfuchs unternehmen große Wanderungen, den ersteren hat man selbst fast am Pol beobachtet. Die angrenzenden Waldgebiete beherbergen eine weit größere Fauna von Säugern: *Braunbär, Grizzly-Bär, Bergschaf, Schneeschaf, Elentier, Polarlux, Silberfuchs, Blaufuchs, Rotfuchs, Zobel, Hermelin, Eichhörnchen, Fischotter* und viele kleine *Nagetiere*. Insgesamt mit *Meeressäugern* (s. S. 62) etwa 80 Arten. Hier muß noch bemerkt werden, daß das Rentier, das Polarrind und der Lemming oft in großen Herden leben.

Zu den eigentlichen *arktischen Vögeln* gehören das *Schneehuhn*, die *Schnee-Eule*, der *Polarfalke* und die *Schneeammer* sowie bis zu einem gewissen Grade auch das *Rebhuhn* und der *Kolkrabe*. Daneben ist aber die Polarwelt enorm reich an sich nur zur Sommerzeit dort aufhaltenden Vogelarten. Die Anzahl dieser beträgt zwischen 200 bis 240, wobei viele überwiegend *Zugvögel* sind, die im Frühjahr vom Süden weither kommen, um an den nordischen Meeresküsten sich sattzufressen und hier zu brüten, im Herbst aber wieder südwärts zu ziehen.

So fliegt z. B. der *Regenpfeifer (Charadrius dominicus fulvus)* von der Alaskaküste und der Tschuktschen-Halbinsel, wo er brütet, jeden Herbst nach den Sandwichinseln, um dort den Winter zu verbringen. Ein naher nordamerikanischer Verwandter dieses Vogels macht einen noch weit größeren Wanderweg. Er brütet im Gebiet von Nordalaska und Barren Grounds, fliegt im Herbst über Neuschottland nach Südamerika in einem ununterbrochenen Fluge von 3600 km und kehrt im Frühjahr über den Golf von Mexiko nach Nordamerika zurück. Noch erstaunlicher dürfte die Wanderung der *Polarseeschwalbe (Sterna macrura)* sein. Diese brütet an den nördlichsten Küsten von Kanada, Grönland und Sibirien und fliegt im Herbst über ganz Südamerika bzw. Afrika bis zum antarktischen Kontinent. Somit verbringt dieser Vogel die größte Zeit seines Lebens bei nicht untergehender Sonne und durchfliegt dabei jährlich eine Strecke von 33000 km. Man hat Schneeammern, Möwen und Tauchenten selbst dicht am Nordpol beobachtet (PAPANIN-Expedition). Unsicher bleibt, ob das einzelne verirrte oder auf dem Wanderfluge zwischen Amerika und Asien befindliche Vögel gewesen sind.

Die arktische *Seevogelfauna* setzt sich zusammen aus *Schwänen, Gänsen, Tauchern, Enten* — darunter die sehr ge-

schätzte *Eiderente* –, *Alken, Lummen, Möwen, Kranichen*
Eis- und *Papageitauchern, Seeschwalben, Regenpfeifern* u. a
Viele von ihnen, in erster Linie Alken, Lummen und Möwen
bewohnen die felsigen Küsten der Polargestade und der In
seln in Nistkolonien, auf sog. *Vogelbergen,* zu Hundert
tausenden.

Reptilien und *Amphibien* sind in der eigentlichen Arktis
in der Regel nicht vorhanden. Auch Spinnen sind nur in we
nigen Arten bekannt. Aber relativ zahlreich sind hier dafür
die *Insekten.* Eine wahre Plage der Tundra sind die Riesen
schwärme verschiedener Mückenarten, die in der Sommer
hitze in Seen und Sümpfen ausgebrütet werden. Unter diesen
sind besonders lästig die Kriebelmücken oder Gnitzen (Simu
liidae), die in Massen in die Augen, Ohren und Atemwege ge
raten. Ferner kommen Pferdebremsen, Rentierfliegen und an
dere Stechfliegen in großen Massen vor.

Die arktische *Süßwasserfauna* zeigt im großen und ganzen
einen zirkumpolaren Charakter, d. h. sie zeigt rund um den
Pol überall die gleiche Zusammensetzung. Dies wird auf akti
vem Wege besonders durch die Wanderungen der flugbegab
ten Insekten, passiv durch Winde und Zugvögelverschleppung
und selbst durch den Menschen bedingt. Es leben hier einige
wenige Strudelwürmer, viele Rädertiere, einige Krebstiere und
Insekten, darunter auch Wasserkäfer. Von *Fischen* kommt
hauptsächlich der *Saibling (Salmo alpinus)* in Betracht. Wir
sprechen hier im übrigen nicht von größeren Seen, wie Enare-
und Imandra-See in Nordeuropa oder noch größeren ameri
kanischen Seen.

Eine Besonderheit sind in der Arktis auch jene Süßwasser
seen, die ihrer Faunenzusammensetzung nach zum Teil ma
riner Herkunft sind, wie z. B. der berühmt gewordene *Reliktensee „Mogilnoje"* auf der Insel Kildin in der Barents-See.
Der See liegt am südöstlichen Ende der Insel, die durch einen
2–3 km breiten und 75 m tiefen Sund von der Russisch-Lapp
ländischen Küste getrennt wird. Der See „Mogilnoje" hat eine
ovale Form, etwa 90 000 qm Fläche und erreicht stellenweise
eine Tiefe von 17 m. Vom Sund wird er durch eine Bar
riere von 4–6 m Höhe und 60–75 m Breite getrennt. Seine

Entstehung ist entweder durch vorzeitliche Strandlinienverschiebung (Transgression) oder geologische Hebung oder die Tätigkeit beider Faktoren zu erklären.

Hier sind Bedingungen geschaffen worden, die in diesem Becken gleichzeitig Meeres-, Brackwasser- und Süßwasserorganismen aus verschiedenen Gruppen der Pflanzen- und Tierwelt das Dasein ermöglichen. An der Oberfläche ist das Wasser süß oder im Winter brackig; der Salzgehalt, immer steigend, erreicht in der Tiefe von 5 m 17,4$^0/_{00}$, in 11 m 31$^0/_{00}$ und in der größten Tiefe von 17 m 32,0$^0/_{00}$. Die Zone zwischen 12 und 17 m Tiefe entbehrt gänzlich des tierischen Lebens. Am Boden bewirken rote Schwefelbakterien eine starke Schwefelwasserstoffgärung, die dem Wasser eine rosa Färbung und Schwefelwasserstoffgeruch verleiht und alles Leben vergiftet. Die Thermik zeigt einen ausgesprochen positiven Charakter: an der Oberfläche schwankt die Temperatur je nach der Jahreszeit zwischen —0,5 und +15°, in 5 m zwischen +2 und 11° und in 15 m Tiefe zwischen +2,5 und +8°. Minustemperaturen sind außer zur Winterszeit an der Oberfläche nicht beobachtet worden.

Die *Flora und Fauna* dieses Sees bestehen zum größten Teil aus marinen Arten, die noch heute im Eismeer und im Atlantik leben, und aus weitverbreiteten Süß- und Brackwasserformen. Nachgewiesen wurden bisher 42 am Boden lebende, bis zu einer Tiefe von 12 m vorkommende Arten und eine sehr sonderbare Mischung von 99 Planktonformen (60 Pflanzen und 39 Tiere). Außerdem leben dort noch zwei marine Fische: eine Dorschart und der Butterfisch (Pholis gunellus).

Die hervorstechendste Sondereigenschaft dieses Sees liegt in dem Gleichgewicht zwischen Süß- und Seewasser, welches sich wahrscheinlich während einer langen geologischen Periode eingestellt und aufrechterhalten hat. So konnte hier weder eine vollständige Aussüßung noch unter dem Einfluß einer starken Verdunstung eine starke Konzentration der Salze eintreten. Im ersteren Falle würden nur einige „Meeresrelikte" überleben, im zweiten — fast alle Organismen eingehen. Tatsächlich aber beobachten wir hier die gleichzeitige Existenz (wahrscheinlich schon während Jahrtausenden[1])) von Meeres- und Süßwasserorganismen.

Dieser wunderbare Gleichgewichtszustand im Wasserhaushalt des Mogilnoje-Sees kann nur durch die Ergänzung des

---

[1]) Zum erstenmal wird dieser See in der Literatur von der Holländischen Expedition unter Admiral NAIJ 1595 erwähnt und sogar abgebildet.

Oberflächensüßwassers durch Regen und Aufnahme vom Lande einerseits und durch Zusickern von Salzwasser aus dem Kildin-Sund durch die Barre in die tieferen Schichten des Sees andererseits erklärt werden. Der Austausch von Seewasser wird noch dadurch begünstigt, daß während der Flut das Niveau in der Barents-See etwa um 1 m höher steht als das mittlere Niveau des Mogilnoje-Sees.

Die Fähigkeit einiger Lebewesen, sich dem Süßwasser anzupassen, und anderer Organismen, sich mit dem ungewohnten Leben im Meereswasser abzufinden, erweitert wesentlich die Variabilitätsgrenzen. Diesem Umstande ist die Entstehung sogar ganz neuer Formen zu verdanken, wie z. B. die der erwähnten Dorschart sowie einer Aktinie und eines Krebses [1]).

In der Tat kann man den Mogilnoje-See als ein wirkliches, natürliches, biologisches Laboratorium bezeichnen, zu dem man bisher kein Gegenstück gefunden hat.

Was nun die bedeutende Anzahl weiterer derartiger *Reliktenseen* in der Arktis betrifft, so sind diese noch sehr wenig auf die Zusammensetzung ihrer Floren und Faunen untersucht worden. Es handelt sich bei ihnen in der Regel um Lagunenseen, die mindestens zeitweise mit dem Meer in Verbindung stehen. Es steht aber fest, daß auch schon hier Vertreter sowohl der marinen als auch der limnischen, d. h. Süßwasserfaunen, vorkommen.

Die polare *marine Fauna* lebt in einer Umwelt, die große Ausdehnung und relativ große Einheitlichkeit in ihrem physikalisch-chemischen Bestand aufweist. Im Gegensatz zu den Landtieren, die eine nur ganz dünne Schicht am Boden des Luftmeeres bilden, kommt den marinen Organismen in ihrer Biosphäre eine dreidimensionale Verbreitung zu. Diese Organismen müssen sich beim Wechseln der Tiefe an sehr verschiedene Verhältnisse anpassen, da schon in 200 m die Lichtintensität sehr gering ist: von 600 m an tritt endgültig volle Dunkelheit auf [2]). Auch der Druck in den Tiefen ist sehr groß;

---

[1]) *Gadus callarias kildinensis* DERJUGIN, *Metridium dianthus var. mogilnojensis* PAX und *Gammarus locusta var. sowinskii* GURJANOWA.

[2]) W. BEEBE, der 1934 in den Tropen in einer Taucherkugel 923 m Tiefe erreichte, konnte noch zwischen 518 und 579 m die letzten Spuren des Tageslichtes wahrnehmen.

der Druck einer Wasserschicht von 10 m entspricht bekanntlich einem normalen Atmosphärendruck von 760 mm Quecksilber.

Die *Verbreitung der Meerestiere* wird trotz großer Ausdehnung ihres Lebensraumes und relativer Einheitlichkeit der chemisch-physikalischen Verhältnisse doch bis zu einem gewissen Grade durch diese letzteren begrenzt. Denn trotz der

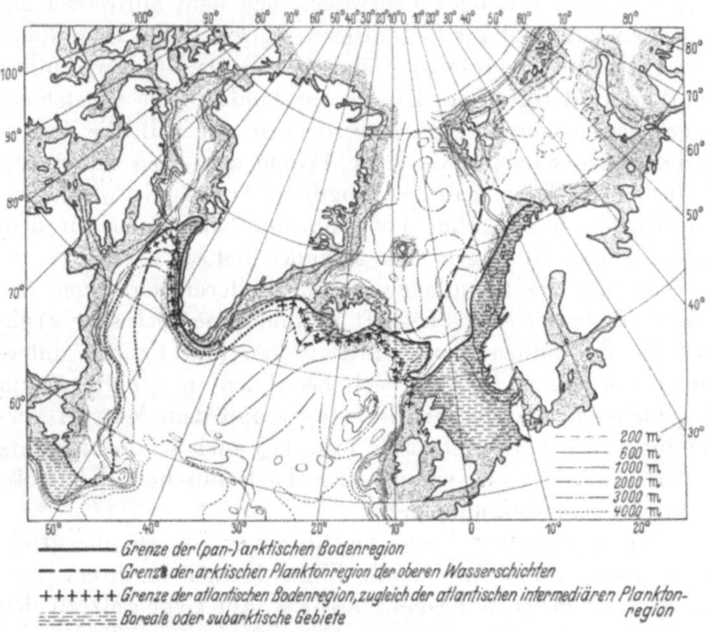

Abb. 17. Tiergeographische Grenzlinien im nördlichen Atlantik, nach H. BROCH (aus: „Mitt. a. d. Zool. Museum", Bd. 19, Berlin 1933).

großen Toleranz vieler Meeresarten in bezug auf Temperatur, Salzgehalt u. a. Bedingungen der Umgebung bleibt doch für jede Art eine bestimmte Lebensgrenze bestehen, innerhalb deren ihre Fortpflanzung normal möglich ist. Dies betrifft insbesondere die am Boden *festsitzenden Tiere* (*sessiles Benthos*), wesentlich weniger die *freischwebenden und schwimmenden Formen* (*Plankton* und *Nekton*). Ein Ortswechsel vollzieht sich beim Benthos sehr langsam und nur bei einer dauernden Änderung der chemisch-physikalischen Verhältnisse in den untersten Wasserschichten. Daher können nach den Veränderungen im Charakter des Benthos ziemlich sichere Schlüsse auf die stattgefundenen Veränderungen im hydrographischen Regime gezogen werden.

Die Abgrenzung der arktischen Hydrosphäre von den wärmeren Gewässern im nordatlantischen Gebiet läßt sich durch das Auftreten von 0°-Temperaturen wahrnehmen. Hier liegt die *ozeanische Polarfront*, und an diese schließt sich im großen und ganzen auch die *hydro-biologische Polarfront* an. Auf der Karte (Abb. 17) sind die tiergeographischen Grundlinien im nördlichen Atlantik nach HJALMAR BROCH angegeben. Danach läuft die arktische Grenzlinie der aktiv beweglichen Tiefseetiere ungefähr längs der 600-m-Isobathe vom Nordkap den norwegischen Küstenbänken entlang bis zur Färöer-Rinne, ferner längs der Nordseite des *Wywille-Thomson-Rückens* und der Nordküste Islands; von hier durch die Dänemark-Straße in südlicher Richtung in einem gewissen Abstand längs der Grönlandsküste bis zu deren Südspitze, weiter nordwärts bis in die Davis-Straße und von da südwärts längs der Labradorküste. Das Kärtchen gibt auch die Südgrenze des arktischen Planktons sowie die der atlantischen Bodenregion an. Eine noch schärfere und stabilere Grenze mit Wassertemperaturen am Boden *zwischen* — 1° und — 1,9° liegt weit nördlicher; sie zieht sich von Kap Swjatoj Nos (am Eingang in die Weiße See) in der Richtung nach Spitzbergen hin. Sie hat sich infolge der in neuester Zeit eingetretenen Erwärmung (s. S. 23) wesentlich nach Nordosten verschoben. Im nordpazifischen Gebiet treten die ersten Anzeichen der *hydro-biologischen Polarfront* bereits im Bereiche der Kurilen und Aleuten in Erscheinung. Hier riegeln das aus dem Bering-Meer kommende kalte Wasser des Kurilen- oder Oyashiostromes sowie das aus dem Pazifik durch die Sunde der Aleuten nordwärts strömende Warmwasser die Kaltwasserformen von den Warmwasserformen ab. Die eigentliche arktische Grenze liegt aber im Bereiche nördlich der Bering-Straße (s. Abb. 19).
Was eben über die hydro-biologische Polarfront gesagt wurde, trifft auch bei der *geo-biologischen Polarfront* zu, die sich gewissermaßen nach der *klimatischen Polarfront*, von der die Beschaffenheit der Vegetation im höchsten Maße abhängt, richtet.

Wir sehen also, daß die arktische marine Tierwelt nach ihrer Lebensweise und ihrer Umwelt (Biosphäre) in folgende Kategorien eingeteilt werden kann: einmal, was wir schon wissen, in *Nekton* nebst *Plankton* und in *Benthos,* und ferner in *Litoral-* und *Abyssalbewohner.*

Das *Litoral* ist die Uferzone von 5o bis 2oo m Tiefe, je nach der Örtlichkeit. Diese Zone gehört gänzlich zur *ozeanischen Troposphäre* (s. S. 12). In ihren Bereich dringt das Tageslicht hinein, der Boden ist reichlich mit Algen bewachsen, die ausgiebig Sauerstoff liefern, Flut und Ebbe machen sich geltend und die Temperatur und der Salzgehalt sind großen

Schwankungen unterworfen, wobei die Wassertemperatur oft bis −1,9°, nahe an ihrem Gefrierpunkt, fällt.

Es muß noch erwähnt werden, daß die Polargewässer stärker die atmosphärische Luft absorbieren und daher auch reicher an Sauerstoff sind als die tropischen. Damit erklärt sich u. a. auch der Reichtum dieser Zone der nordischen Meere an Tierleben, besonders an Fischen. Hier findet auch ein besonders wichtiger Teil unserer Hochseefischerei statt.

Das *Abyssal* ist die Fortsetzung des Litorals längs der Kontinentalböschung und auf dem Boden des Meeres. Diese Zone erstreckt sich sowohl auf die ozeanische Troposphäre (bis 600–800 m Tiefe) als auch auf die *ozeanische Stratosphäre* (s. S. 12) und reicht bis zu Tiefen über 5000 m hinaus. Hier herrscht je nach der Tiefe Lichtmangel oder gänzliches Fehlen des Lichts, das Pflanzenleben hört allmählich auf, auch der Sauerstoffgehalt wird geringer, bleibt aber noch genügend für das Leben der Tiere.

Die Temperatur und Salzgehalt sind hier wenig veränderlich. Dabei nimmt der Wasserdruck je 10 m um 1 Atmosphäre zu. In den oberen Schichten des Abyssals (der Troposphäre) spielt sich das Leben der dort noch reichen Fauna bei noch schwachem Lichtschimmer, bei starken Schwankungen der Temperatur (bis —2° C) und des Salz- und Sauerstoffgehaltes ab. Die Formen, die die Stratosphäre (ab 800 m Tiefe) bewohnen, fristen ihr Dasein in voller Dunkelheit und bei einer Temperatur von nur zwischen —0,6° bis —0,8° C.

Aus dieser Übersicht können wir ersehen, daß die auf den ersten Blick relative Einheitlichkeit der marinen Biosphäre doch nicht unwesentliche Unterschiede in bezug auf *Thermik, Dynamik, chemische Verhältnisse* und auch *Trophik* (Ernährung) aufweist.

Setzen wir unsere faunistischen Betrachtungen fort und wenden uns den *Meeressäugern* der Arktis zu. Hierher gehören viele Arten von *Tran- und Pelztieren*, nämlich *Wale, Delphine, Walrosse* und *Robben,* die in unserem Haushalte eine große ökonomische Bedeutung haben. Daher geben wir hier die Hauptformen an (s. Abb. 18).

Zu diesen gehören: A. die *Bartenwale*: die beiden *Glattwale* — der *Grönlandwal* (*Balaena mysticetus* L.) und der *Nordkaper* (*B. glacialis* Bonn.) von 19 bzw. 17 m Länge; ferner die 6 *Furchenwale* — der *Blauwal* (*Balaenoptera musculus* [L.]) bis 30 m, größtes aller lebenden Tiere, der *Finwal* (*B. physalis* [L.]) bis 23 m, der Seihwal (*B. borealis* Lesson) bis 16 m, der *Zwergwal* (*B. acurostrata* Lac.) bis 10 m, der *Buckel-* oder *Knöhlwal* (*Megaptera nodosa* Bon.) bis 10 m und im Fernosten *Grauwal* (*Rachianectes glaucus* Cope). Ihnen folgen B. die *Zahnwale:* der *Dögling* (*Hyperoodon ampullatus* Forst.) bis 10 m und die Delphine — der *Weißwal* (*Delphinapterus leucas* [Pall.]), *Narwal* (*Monodon monoceros* L.), *Schwertwal* (*Orca orca* L.), *Grindwal* (*Globiocephalus melas* [Trail.]), *Braunfisch* oder *Meerschwein* (*Phocaena phocaena* [L.]) zwischen 5—10 m Länge. Unter den *Flossenfüßlern* finden sich hier — das *Walroß* (*Odobenus rosmarus* [L.]), im Bering-Meer der Stellers *Seelöwe* (*Eumetopias jubata* [Schreb.]) und die Seerobben: *Seehund* (*Phoca vitulina* L.), *Ringelrobbe* (*Ph. hispida* Schreb.), *Grönlandrobbe* (*Ph. groenlandica* Erxl.), *Bartrobbe* (*Erignathus barbatus* [Erxl.]), *Kegelrobbe* (*Halichoerus grypus* [Fabr.]) *Klappmütze* (*Cystophora cristata* [Erxl.]) u. a. Im Ochotskischen und Bering-Meer kommen noch vor: die sehr wertvolle *Pelzrobbe* oder *Seal*, auch *Seebär* genannt (*Arctocephalus ursinus* L.) und die sehr selten gewordene *Seeotter*, fälschlich *Kamtschatka-Biber* genannt (*Enchydra marina* L.).

Abb. 18. Schwimmende Herde von Walrossen bei der Wrangel-Insel (aus: N. TRANSEHE, „The Geograph. Rev.", Vol. XV, N. 3, 1925).

Die eindrucksvollste aller Gewerbeunternehmungen des Menschen auf hoher See ist wohl zweifelsohne der *Walfang,* der in nördlichen Gewässern bereits zwischen dem 10. und 11. Jahrhundert von Basken ins Leben gerufen und von ihnen allein fast vier Jahrhunderte betrieben wurde, bis im 16. Jahrhundert die Engländer und später auch Holländer und Deutsche (1643) folgten.

Der Zeitabschnitt 1650—1780 war die Blütezeit des Walfanges. Während dieser Periode kamen alljährlich Hunderte von Schiffen hauptsächlich in die

Gewässer um Spitzbergen und Grönland, und es entstand sogar auf der Amsterdam-Insel an der Nordwestküste von Spitzbergen eine Siedlung, *Smeerenburg*, mit Trankochereien und Lagern, in der in manchen Jahren über 300 Schiffe mit 15000 Menschen beherbergt wurden. Man nimmt an, daß damals dort in guten Jahren 1500 bis 2000 Wale — hauptsächlich *Grönlandwal* — erlegt wurden. Anfang des 19. Jahrhunderts begannen auch die Amerikaner Walfang zu treiben. Die rücksichtslose Ausbeutung des Walbestandes, besonders nachdem die von SVEND FOYN erfundene Harpunenkanone (1864) in Aktion trat, erschöpfte aber die Fanggründe derart, daß heutzutage der Walfang im Norden nur noch in einem beschränkten Gebiet, nämlich in den nordpazifischen Gewässern, im Bering-, Tschuktschen- und Beaufort-Meer und hier in verhältnismäßig geringem Maße betrieben wird.

Was den *Robbenschlag* anbelangt, so wird dieser noch erfolgreich vorwiegend im Frühling in den grönländischen und nordeuropäischen Gewässern sowie im Bering-Meer an den Pribilow- und Kommandor-Inseln ausgeführt.

Die *Seevögel* wurden bereits erwähnt (s. S. 56).

Die *Fische* sind in der Arktis sehr zahlreich. Allein von Meeresfischen und solchen, die zum Laichgeschäft regelmäßig Meer- und Süßwasser wechseln, zählt man etwa 200 Arten. Hier und in den angrenzenden Gewässern findet die wichtigste und umfangreichste *Dorsch-* und *Heringsfischerei*, in den Flüssen die *Lachsfischerei* statt. Auch die Flüsse des Nordens beherbergen riesige Bestände von erstklassigen Nutzfischen, von denen mehrere Arten zur Laichzeit aus dem Meere kommen. Hierher gehören viele sibirische und nordamerikanische *Coregonus-Arten*, wie *Sig, Omul, Muksun* u. a., sowie Lachsarten neben unserem *Edellachs*, besonders *Keta-* und *Gorbuscha-Lachs* im Fernosten.

An *Wirbellosen* sind die arktischen Meere in allen ihren Schichten ungemein reich, sowohl an Arten als auch an Individuen, wobei dem hier besonders vielfältigen und massenhaft vorkommenden *Plankton* als Hauptnahrung der Wale[1] besondere Bedeutung zukommt.

Faßt man die ganze arktische Fauna zusammen, und zwar nur die des vom Polarkreis umschlossenen Areals[2]), wie das im Jahre 1933 nach Abschluß

---

[1]) Die Hauptplanktonarten, die hier in Betracht kommen, sind ein kleines Krebstier (*Calanus finmarchicus*) und eine Meeresschnecke (*Limacina helicina*), die relativ viel Nährwert haben, nämlich 5—6 % Eiweiß und 0,7 % Fett. Diese Tierchen treten oft in solchen Massen auf, daß das Wasser seine ursprüngliche Farbe und Durchsichtigkeit vollständig einbüßt.

[2]) Unter Hinzuziehung einiger „Ausbuchtungen" nach Sibirien und Nordamerika hinein, wie es den Bearbeitern der „*Fauna arctica*" geboten erschien.

des Standardwerkes „*Fauna arctica*" W. ARNDT tat, so erhalten wir eine recht bedeutende Zahl für den bisher bekannten Artenbestand. Abgesehen von den nicht berücksichtigten *Protozoen* (den einzelligen Tieren), leben hier nicht weniger als *8191 Tierformen* aller Stämme *Metazoen* (der mehrzelligen Tiere), unter denen, grob gerechnet, eine *Hälfte Landtiere*, $^4/_{10}$ *Meerestiere* und $^1/_{10}$ *Süßwassertiere* sind. Das Verhältnis der Gruppen ist also 1:1. Es entfallen auf die *Säugetiere* 76, auf die *Vögel* 239, auf *Reptilien* 2, *Amphibien* 6, *Fische* 186, *Insekten* 3013 (davon auf die Käfer 627, Schmetterlinge 702, Fliegen 325), auf *Krebse* 1174, *Mollusken* 487 und auf alle übrigen *niederen Tiergruppen*, von denen der größte Teil marine Tiere sind, rund 3000 Formen.

Ergänzend hierzu sei noch einiges über den Gesamttierbestand zweier besonders großer *Teilgebiete* der Arktis bemerkt: *Grönland* und *Nowaja Semlja*. Von Grönland allein kennt man zur Zeit rund 3600 Tierformen (W. ARNDT 1941), wovon Land- und Binnengewässertiere 1200 Formen aufweisen. Im einzelnen entfallen auf Landtiere rund 1000 und auf Süßwassertiere 400 Formen[1]). Den Rest von 2400 Formen bilden die Meerestiere. Somit wird das Verhältnis zwischen Land- und Wasserarten wie 1:2,8 sein. Nowaja Semlja zählt insgesamt rund 550 bisher bekannter Land- und Binnengewässerformen (nach F. OEKLAND), darunter 350 Landformen und 200 Süßwasserformen. Von der Gesamtzahl entfallen auf die Säugetiere 5 (Eisbär, Eisfuchs, Rentier, 2 Lemminge), auf die Vögel etwa 40, auf die Insekten etwa 260 Arten (darunter 140 Zweiflügler, 30 Käfer, 20 Schmetterlinge). Unter den Insekten macht sich eine Hummelart (Bombus hyperboreus) durch ihre Größe und ihr farbiges Haarkleid am stärksten bemerkbar. Ferner kommen hier etwa 45 Spinnen und Milben sowie etwa 35 Würmerarten vor, darunter auch ein von Menschen eingeschleppter Regenwurm.

Die Anzahl der Arten und Individuen verringert sich stark in meridionaler Richtung. So weist die nördliche Insel von Nowaja Semlja kaum die Hälfte der Gesamtfauna der ganzen Doppelinsel auf, und das noch weiter nordwärts isoliert liegende Spitzbergen und Franz Joseph-Land besitzen entsprechend ihrer Lage noch eine weit geringere Zahl von Tierarten.

Es wäre hier vielleicht am Platze, einen *Vergleich* zwischen der Anzahl der *Land-* und *Wassertiere* in der Arktis und in den südlicheren Gebieten anzustellen. Bereits R. HESSE (1929) hat darauf hingewiesen, daß dieses Verhältnis in der Welt 4:1 ist. Dies erklärt sich durch die große Mannigfaltigkeit der physikalisch-geographischen, klimatischen und ökologischen Verhältnisse, unter denen die Landtiere leben im Gegensatz zu den verhältnismäßig sehr einheitlichen Lebensbedingungen in der Hydrosphäre. Der obigen Angabe von HESSE entsprechen, wie ARNDT (1941) zahlenmäßig gezeigt hat, die Faunen Deutschlands und Schwedens auch im einzelnen recht gut, insofern das Verhältnis der Artenzahlen von Land- und Wassertieren 3:1 ist. Ganz anders aber liegen die Dinge in der Arktis, wo, wie wir gesehen haben, dieses Verhältnis nach der „*Fauna arctica*" 1:1 und für die Grönlandfauna 1:2,8 ausmacht. Dies läßt sich folgendermaßen erklären. Die Daseinsmöglichkeiten für die Landtiere sind im Polargebiet, verglichen mit denen für die Meerestiere der Arktis, recht beschränkt. Der Unterschied der Zahlenverhältnisse in bezug auf Grönland und die gesamte Arktis („*Fauna arctica*") erklärt sich durch den verhältnismäßig hohen Stand der faunistischen Erforschung Grönlands im Vergleich zu anderen großen Teilen der Arktis. Es darf auch nicht außer acht gelassen werden, daß die Landfaunen im allgemeinen zu über 70 % aus Insektenarten bestehen. Diese Tiergruppe

[1]) Manche Tierformen sind zu gleicher Zeit Land- und Süßwasserbewohner.

aber fehlt in den Meeren so gut wie ganz und weist in der Arktis verhältnismäßig wenige Arten auf.

Unter Zugrundelegung dieser Registrierung der arktischen
Tierformen und auf Grund weiterer Funde, in erster Linie
aus der eigentlichen Arktis, dem Zentralbecken und seiner
Randmeere (Arbeiten von E. GURJANOWA, N. KUSNEZOW
und P. USCHAKOW) lassen sich folgende vorläufige Schlüsse

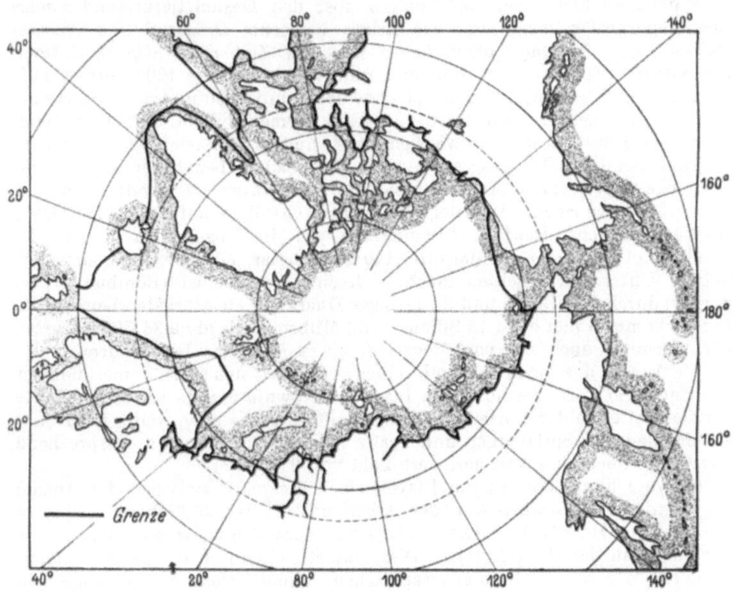

Abb. 19. Marine biologische Grenze des arktischen Gebietes auf Grund der
Verbreitung der hocharktischen Krebstiere, nach E. GURJANOWA (Bull. Ac.
Sc. de l'URSS., 1939, Nr. 5).

über die Entstehung und Entwicklung der gesamten Fauna
(und auch Flora) der Arktis ziehen. Die *Landfauna* weist
heute bereits über 5500 bekanntgewordene Vertreter auf und
birgt noch sicher eine große Anzahl weiterer in sich. Dabei
besitzt ein großer Teil dieser Tierarten eine zirkumpolare
Verbreitung. Viele Tierformen sind aber auch an bestimmte
Gebiete gebunden. Die Fauna steht in gewissem Grade mit
dem alten asiatischen Schild, dem sog. *Angara-Kontinent,* im

Zusammenhang und hat sich im Norden schon seit langer Zeit an die wechselnden und scharfen klimatischen Verhältnisse angepaßt. *Sie ist somit ein Relikt nicht nur der Glazial-, sondern auch der Präglazialzeit.* In bezug auf die *marine Fauna* läßt sich feststellen, daß sie noch *älterer Herkunft* ist als die Landfauna, da das Nordpolar-Meer schon wesentlich länger existiert und der Zusammenhang zwischen Sibirien und Nordamerika seit Ende der Tertiärzeit nicht mehr besteht. Der Bestand der arktischen Meerestierwelt setzt sich aus rein arktischen ureingesessenen (*autochthonen*) und aus vom Pazifik und Atlantik eingewanderten Tierformen zusammen. Die arktische Meeresfauna bildet einen besonderen zoogeographischen Bezirk mit Unterbezirken: dem arktischen, atlantischen und pazifischen. Die Grenzen des Hauptbezirkes stellen gleichzeitig auch die *hydrobiologische Polarfront* dar (s. Abb. 19).

Schon in der Morgenröte seiner Geschichte begann der Mensch den Urwald und dessen Bestand an Großtieren zu vernichten. Ganz Eurasien und Nordamerika waren einst von Urwäldern bedeckt, in denen viele Arten wilder Tiere gelebt haben. Durch riesige Rodungen aber, die in Europa am Anfang des Mittelalters, in Nordamerika im 18. und 19. Jahrhundert ihren Anfang genommen haben und den Urwald in Forst und Ackerland umwandelten, sind die Charakterformen der europäischen Großtierwelt – der *Ur*, der *Wisent*, der *Elch*, das *Wildpferd*, der *Braunbär* u. a. – zum größten Teil ausgerottet worden. Der Ausrottung verschiedener Landtiere folgte eine solche gewisser Meerestiere. So wurden auch die nordischen *Wale*, die noch am Leben blieben, zum Teil in die südatlantischen und antarktischen Gewässer auszuwandern gezwungen. Nicht allzu weit von diesem Zustand befindet sich gegenwärtig unser *Robbenschlag* und besonders – trotz mancher Schutzmaßnahmen – das *Pelzrobben-* und *Seeottergewerbe* im Bering-Meer. Die dort noch vor zwei Jahrhunderten in Herden lebende *Stellersche Seekuh* (*Rhytina stelleri*) ist so schnell und gründlich vernichtet worden, daß von diesen interessanten Säugern außer einigen Knochen nur eine Abbildung auf uns gekommen ist (s. Abb. 20).

Die schon ebenfalls seit Jahrhunderten in Sibirien und Nordamerika betriebene *Pelztierjagd* hat heute die Bestände dieser Tiere arg gelichtet. Aber es ist nicht immer nur der Mensch, der den wild lebenden Nutztieren nachstellt, sondern dies tun auch deren natürliche Feinde, z. B. dürfte den Wölfen so manches Rentier zum Opfer fallen.

Wenn der Mensch einerseits durch Unwissenheit und unrationelle oder gar Raubwirtschaft seinen pflanzlichen und tierischen Hilfsquellen auch ständig beträchtlichen Schaden zufügt, so sucht er doch andererseits diesem Übel mit vielen

Abb. 20. STELLER führt 1742 auf der Bering-Insel die Untersuchung der jetzt ausgestorbenen Seekuh durch (aus: F. GOLDER, „Bering's Voyages", Vol. II, New York 1925).

Mitteln entgegenzuwirken und bemüht sich, die Beeinträchtigungen wiedergutzumachen oder sogar in ihr Gegenteil zu verwandeln. So bildete der Mensch im Laufe vieler Jahrtausende aus der Reihe der Tiere eine bedeutende Anzahl durch Züchtung und Pflege zu *Halb- und Vollhaustieren* um, die ihm durch Dienstleistung oder als Lieferanten von Nahrung oder Rohstoffen für seinen Lebensbedarf heute unentbehrlich sind. Dazu gehören nicht weniger als etwa 3o Säugetierarten, etwa 2o Vögel, einige Fische, dazu einige niedere Tiere, wie die Honigbiene, Seidenraupe, Kochenillelaus, Auster u. a. Er trägt Sorge für *Veredelung* der wichtigsten Nutztiere, ja, er sorgt sogar für manche Wildtiere durch

Schutz und *Ansiedlung* in geeigneten Gegenden. Zu den Tieren, die für Zucht und Ansiedlung im Norden in Betracht kommen, gehören vor allem das *Rentier*, der *sibirische Elch*, der *Jak*, das *amerikanische Polarrind*, die *Schneeziege*, das *Schneeschaf*, der *Zobel*, der *Silberfuchs*, das *sibirische Murmeltier*, der *Flußbiber*, der *Seeotter*, die *amerikanische Bisamratte* u. a.

In neuerer Zeit hat man das *Polarrind* von Ostgrönland in Spitzbergen und auch Norwegen angesiedelt, die *Bisamratte* von Nordamerika in Grönland und Nordsibirien, den *Seeotter* von den Kommandoren-Inseln an der Murmanküste Russisch-Lapplands. Selbst den *Keta-Lachs* aus dem Amur und einige der wirtschaftlich wichtigen *Riesenkrebsarten* aus den nördlichen Teilen des Japanischen Meeres hat man an die Murman-Küste zu verpflanzen versucht.

Der Mensch ist aber auch bestrebt, durch entsprechende Maßnahmen, zum Teil sogar in internationaler Vereinbarung, die Meere gegen *unrationellen Walfang* und *Robbenschlag* sowie *Überfischung* zu sichern. Ferner werden Maßnahmen für das *Aussetzen von Fischbrut* in Meere, Seen und Flüsse durchgeführt. Für das Studium der Meere, Seen und Binnengewässer sind in allen Kulturländern wissenschaftliche *biologische und Fischereistationen* ins Leben gerufen worden.

Sie haben zur Aufgabe, das Leben der Fische und anderer Nutztiere des Meeres im Zusammenhang mit den biologischen und chemisch-physikalischen Verhältnissen der Gewässer, sowie ihre Futterbestände kennenzulernen, die nötigen praktischen Folgerungen zu ziehen und entsprechende Maßnahmen zu veranlassen. Im Norden befindet sich eine solche Station in Murmansk, eine zweite wird in der Dalne-Selenetzkaja-Bucht an der Nordküste Lapplands eröffnet. Eine dänische physikalische Station arbeitet auf der Disko-Insel bei Godthaab in Westgrönland. Auch die biologische und Fischereistation in Wladiwostok, zu deren Aufgaben unter anderem die Erforschung des Ochotskischen und Bering-Meeres gehört, muß hier erwähnt werden.

Gute Ergebnisse sind bis heute in bezug auf den Silberfuchs zu verzeichnen [1]), noch bessere lieferten die Ansiedlungsversuche sibirischer Rentiere in Alaska. Dahin wurden gegen Ende des 19. Jahrhunderts zum erstenmal einige Hunderte sibirischer Rentiere eingeführt und haben sich dort recht gut und schnell akklimatisiert [2]). Auch später fanden solche An-

---

[1]) In Norwegen wurde in letzter Zeit ein neues Pelztier, der *Platinfuchs*, gezüchtet.

[2]) Eine erfolgreiche Ansiedlung von einem Dutzend Rentieren ist im Jahre 1928 in der Subantarktis, nämlich in Südgeorgien seitens Kapitäns C. A. Larsen durchgeführt worden.

siedlungen von sibirischen Rentieren in Alaska statt, die die
dortigen Bestände dieser Art auf bis über 900000 Köpfe
brachten. Heute ist auch Kanada eifrig bemüht, bei sich Rentierzucht einzuführen, wozu in den Jahren 1929–1934 eine
3000köpfige Rentierherde von Westalaska zu der Richardson-
Insel an der Mackenziemündung gebracht wurde.

Man nimmt in Amerika an, daß auf einem Quadratkilo-
meter Tundra und Waldtundra 15–20 Rentiere dauernd gedeihen können. Auf Grund dieser Annahme behauptet V. STE-
FANSSON, daß Alaska mit seinem auf 320000 qkm geschätz-
ten Weideland jährlich 1¼ Mill. und Kanada mit seinen
mehr als 3 Mill. qkm Weideland jährlich 10–13 Mill. Rentiere als Schlachtvieh – 25 Mill. Schafen entsprechend –
hervorbringen könne. Noch weit größer und geeigneter zur
Rentierzucht erscheinen die Tundra- und Waldtundragebiete
Nordeurasiens, wo sie ein Areal bis 9 Mill. qkm einnehmen.
Hier könnte man auf ein Quantum bis 30 Mill. Schlachttiere
jährlich rechnen[1]). Die Grasgebiete Argentiniens und Texas'
erscheinen demgegenüber ganz unbedeutend.

Dabei stellt das Rentier an die Betreuung durch den Menschen nur minimale Ansprüche. Es braucht keine Stallungen
und Futtervorräte für den Winter, da es seine Nahrung selbst
sucht und sogar unter einer Schneedecke bis zu 1 m Höhe
herausholt. Es darf nur kein dickes Glatteis sein, daß die
Tiere nicht durchbrechen können. Das Ren frißt nicht nur
Gras, Moos und Flechten, sondern im Notfall selbst Holz-
fasern. Für die Aufsicht über eine Herde von etwa 25000
Tieren genügen 6–8 Hirten mit einigen Hunden.

Als Feinde des *Ren* sind hauptsächlich *Wölfe*, daneben auch der *Vielfraß*
zu nennen. Ferner sind sehr lästig und auch gefährlich die *Dasselfliege (Oede-
magena tarandi* L.), deren Maden die Haut und das Fleisch verderben, und
die *Rachenbremse (Cephenomyia nasalis* L.), die ihre lebendig geborenen
Larven in das Nasenloch absetzt, von wo diese dann in die Nasenhöhle und
in den Rachenraum wandern.

Alles, was hier über das *Ren* gesagt wurde, bezieht sich
fast ohne Ausnahme auch auf das *Polarrind* und zum Teil

---

[1]) Da ein Ren 62 bis 64 kg wiegt, ergibt sich ein Fleischquantum von
etwa 20 Mill. Doppelzentnern.

auf den *Elch*, die beide ebenfalls ein genießbares Fleisch haben.

Es bleibt uns nun noch einiges über den im Polargebiet lebenden *Menschen* zu sagen.

D. Der Mensch.

Die Abhängigkeit des Menschen vom Klima ist annähernd dieselbe wie die der Tiere und Pflanzen; der Mensch besitzt aber dank seiner hohen kulturellen Entwicklung ein ungeheuer großes klimatisches Anpassungsvermögen.

Abb. 21. Eskimosschneehütten („Iglu") im Gjöa-Hafen (heute Peterson-Bai) auf der King William-Insel in Kanada (aus: R. AMUNDSEN, „Nord-West-Passage", München).

Nach einer nicht unwahrscheinlichen Hypothese stammen die heutigen Polarvölkerschaften von den sog. *Paläasiaten,* Ureinwohnern Asiens, ab. Durch stärkere südlichere Völker wurden sie schon in historischen Zeiten von ihren Stammsitzen an die eurasiatischen Küstengebiete des Polarmeeres verdrängt; sie gelangten auch über die Bering-Straße nach Alaska und Kanada und bildeten dort Kerne der *Indianer-* und *Eskimostämme.* Die Eskimos der vereisten Küstenstriche können wir noch heute als eine Art *Eiszeitmenschen* betrachten; aber auch sie verschwinden, soweit sie nicht aussterben, durch Aufgehen in anderen Völkern, die mit Riesenschritten an die Eroberung und Nutzbarmachung des Polargeländes herangehen.

Seit unvordenklichen Zeiten gelten als *Behausung* des Polarmenschen Steinhöhlen, Hütten aus Steinen, aus Steinen und Schnee, zu denen noch Tierhäute und Treibholz, Moos und Gras als Überzug bzw. Verdichtungsmittel hinzugefügt werden. Die Eskimos leben im Sommer und auf Reisen in Schneehütten (Iglu, s. Abb. 21). Hütten aus Erde und Torf sind im Norden noch heutzutage in Gebrauch. Ferner werden Zelte aus Rentierfellen sowie Rentier- und Walroßhäuten, im Sommer nicht selten mit Holzrinde überzogen, bewohnt. Als erste *Jagdgeräte* dienten Steine, Holzklötze, Bogen und Pfeile, Lanzen, Harpunen, Fallen, Schlingen aus Leder usw. Als *Verkehrsmittel* sind verschiedene Arten von Schneeschuhen (Skier, Schneereifen), Hunde- und Rentierschlitten in Gebrauch; als Reit- und Lasttier werden Rentier und Elch benutzt. In neuerer Zeit kamen noch Pferd und Jak hinzu. Als Wasserfahrzeuge werden dort, wo weder Wald noch Treibholz vorhanden sind, z. B. in Grönland, Kajaks und große Boote, sog. Frauenboote, aus Robben- und Walroßhäuten gebraucht.

Die heutigen Polarmenschen mußten sich in geschichtlicher Zeit an die unwirtlichen klimatischen Verhältnisse und den denkbar kärglichsten Lebensunterhalt anpassen, was ihnen nur mit großen Opfern möglich war und sowohl das *Rentier* als auch den *Hund* zu ihren unentbehrlichen Lebensgenossen machte: das *Ren* dort, wo Gras-, Moos- und Flechtentundra vorhanden war, den *Hund*, wo pflanzliches Futter durch Fischfutter ersetzt werden konnte. Dabei wurde der Hund nicht nur Hausgenosse, sondern auch Zugtier und Helfer bei der Jagd und beim Hüten der Rentiere.

Man darf nicht vergessen, daß nicht überall Brenn- oder Bauholz zur Verfügung steht und der Mensch dadurch in große Notlage versetzt wird, falls nicht, wie dies in manchen Gebieten geschieht, *Treibholz* als Ersatz in Erscheinung tritt.

Das Treibholz wird, wie bekannt, durch die in das Nordpolar-Meer mündenden Flüsse verfrachtet und strandet, oft in großen Massen, nach langer

Drift mit dem Eise an irgendwelcher Küste, am häufigsten an der sibirischen (s. Abb. 22).

Es gibt heute noch Polarstämme, z. B. die kanadischen Eskimos, vor der Mündung des Back- oder Fischerflusses, die noch bis vor kurzem ihre gesamten Haus- und Jagdgerätschaften aus Knochen, Zähnen, Sehnen, Häuten usw. verschiedener Säuger und Vögel herzustellen gezwungen waren, da in der Gegend kein Wald wächst und kein Treibholz andriftet.

Aber trotz schwerem Kampf und großen Opfern haben diese Menschen die ganze heutige *häusliche Polarkultur* geschaffen, und zwar in erster Linie allein aus jenen Rohstoffen, die ihnen das *Rentier, Robben* und gestrandete *Wale* in Ge-

Abb. 22. Ansammlung von Treibholz an der Kolyma-Mündung, Sibirien (aus: N. TRANSEHE, „The Geogr. Rev.", Vol. XV, N. 3, 1925).

stalt ihrer Kadaver boten. Diese Tiere dienten und dienen noch heute nicht nur als Nahrung, sondern auch als Material für die Bekleidung, Beheizung und Beleuchtung (Tran) sowie Behausung (Zelte und Hütten); unter Zuhilfenahme des *Treibholzes* dienen sie auch zum Bau von Skiern, Schlitten und Kajaks. Das *Ren* dient außerdem noch heute im Norden nicht nur als Zug-, Last- und Reittier, sondern auch als Nahrung, indem es dem Menschen Fleisch, Milch, Blut liefert.

Die heutige Bevölkerung der Arktis und der anschließenden Gebiete besteht fast ausschließlich aus verschiedenen *Völ-*

kerschaften mit mongolischen Rassenmerkmalen, aber mit
unter sich nicht näher verwandten Sprachen.

Eine weiße Bevölkerung kommt hier nur in relativ geringer Anzahl als
Kolonisten und Arbeiter vor, und zwar in den grönländischen Siedlungen
(etwa 260 Dänen) und, vorübergehend, an der Ostküste Grönlands in Über-
winterungshütten die norwegischen und dänischen Jäger (etwa 100), auf
Spitzbergen (mit den russischen Arbeitern der Kohlengruben im Sommer
bis 2200), in Nowaja Semlja (100—150), auf der Wrangel-Insel (neben 50 bis
60 Tschuktschen 5—10 Russen), wie auf sämtlichen Polarstationen und
Faktoreien (1000—1500 Menschen).

Abb. 23. Samojeden von der Ostküste Nowaja Semljas
(Aufnahme der Murman-Expedition).

Es kommen im Norden folgende Völkerschaften in Betracht:
In *Europa:* Die norwegischen, schwedischen, finnischen und russischen
Lappen (etwa 56000), die das Gebiet östlich von der Weißen See bewohnenden
Syrjanen (etwa 26000) und *Samojeden* oder *Nenzen* (etwa 3800), zusammen
etwa 85000 Menschen (s. Abb. 23).
In *Sibirien:* 1. In der Ebene des Ob und des Jenissej, sowie im bewohnten
südlichen Teile der *Tajmyr*-Halbinsel: *Syrjanen* (16000), *Samojeden,* einschließlich *Tawgijzen, Juraken* und *Ostjaken-Samojeden* (15000), *Ostjaken*
(22200); 2. zwischen den Flüssen Chatanga und Indigirka: *Tungusen* einschließlich *Lamuten* und *Dolganen* (40200); 3. ostwärts von der Indigirka:

74

Jukagiren einschließlich *Tschuwanzen* (1120), *Jakuten* (240000), *Tschuktschen* (12300) und *Eskimos* (1290); 4. auf Kamtschatka und nördlich davon: *Korjaken* (7430) und *Kamtschadalen* (4200) und 5. auf Sachalin und den Bering-Inseln: *Giljaken* (4070) und *Aleuten* (350). Zusammen im nördlichen Sibirien etwa 364000 Eingeborene.

In *Alaska* werden insgesamt 59300 Einwohner gezählt; davon fällt etwa die Hälfte auf Weiße und Mischlinge und der Rest auf Eingeborene, von denen 26500 *Indianer* und etwa 3000 *Eskimos* sind. Die ersteren leben in den Waldgebieten, die letzteren an den Küstensäumen und auf den St. Lorenz- und Diomedes-Inseln.

In *Nord-Kanada*, nämlich in den Küstenstrichen des amerikanischen Kontinents, des Baffin-Landes und Labradors, sowie an den Südküsten von Viktoria und King Williams-Land und Boothia- und Melville-Halbinsel: *Eskimos* (5980) und im Innern des Nordgeländes des Kontinents, sowie des Baffin-Landes und Labradors: *Indianer* (4050)[1]), zusammen 10000 Menschen.

In *Grönland:* Hauptsächlich in dänischen Kolonien und in Etah und Thule an der Westseite, sowie in Angmagssalik und Scoresby-Sund an der Ostküste: *Eskimos* 17109.

Insgesamt erreicht in dem ganzen polaren Küstenraum die hier namhaft gemachte *eingeborene Bevölkerung* eine Anzahl von über einer *halben Million Menschen,* von denen in der *eigentlichen Arktis* (s. S. 6) *kaum 40000 bis 50000 leben.* Die kleine Karte (Abb. 24) zeigt die Grenze sowohl der ständigen Besiedlung durch Eingeborene als auch die Verbreitung des weißen Menschen auf seinen Beobachtungsstationen.

Die Dichte der Bevölkerung ergibt sich aus dem Folgenden: *Die Landfläche der Arktis beträgt,* wie wir schon gesehen haben (s. S. 7), *7,9 Mill. qkm,* davon rechnet man ab als *ständig vergletschert 2,1 Mill. qkm. Es bleiben somit 5,8 Mill. qkm Land übrig, die als Ökumene des Menschen betrachtet werden können. In diesem Areal leben rund 45000 Menschen, es kommen also durchschnittlich auf 1 qkm 0,008 Menschen oder 1 Mensch auf 130 qkm.*

Der schwere Kampf mit der Natur hat diesen Völkerschaften einerseits durch Aufgewecktheit, Zähigkeit und Gewandtheit, andererseits durch die Fähigkeit zu scharfer Naturbeobachtung bis zu einem gewissen Grade die Möglichkeit gegeben, gegen die Unbilden der Natur erfolgreich zu kämpfen. Aber trotz ihrer Fähigkeiten sind nicht alle diese Völker bei ihrer primitiven Kultur imstande, der Unwirtlichkeit der Polarnatur

---

[1]) Außerdem leben etwa 118000 *Indianer* in verschiedenen südlich gelegenen Reservaten.

auf weitere Dauer die Stirn zu bieten, und so sind sie,
mit Ausnahme der Syrjanen, Jakuten, grönländischen Eskimos
sowie einiger Indianerstämme, wohl unvermeidlich dem Aussterben geweiht.

Auf die Frage, warum bei diesen Polarmenschen kein
Drang nach Süden wahrzunehmen ist und warum der Kultur-

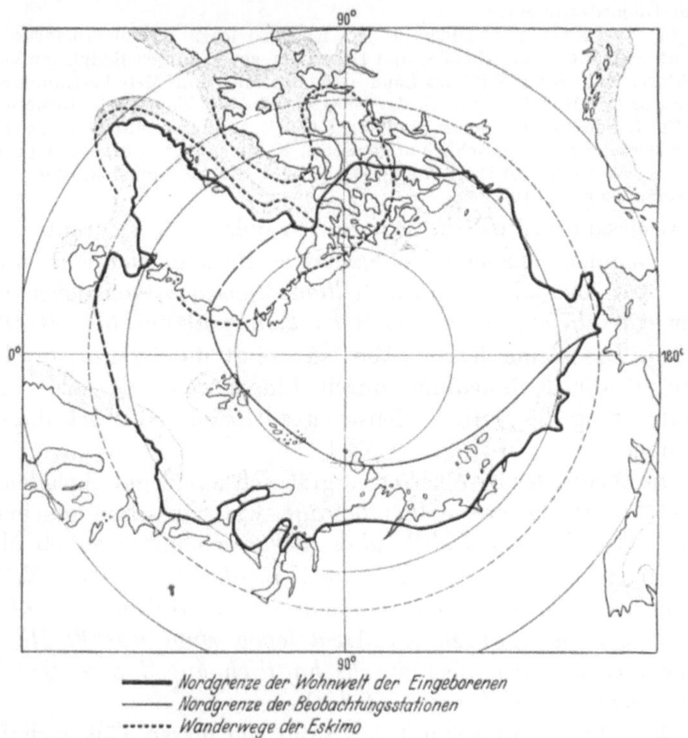

Abb. 24. Grenzlinien der menschlichen Siedlungen in der Arktis.

mensch unaufhaltsam nordwärts vordringt, läßt sich antwor-
ten, daß im allgemeinen für den Menschen große Wande-
rungsbewegungen von Süden nach Norden aus physiologischen Gründen leichter durchführbar sind als umgekehrt.

Der Mensch verträgt bei seiner Körperwärme von $+37°$ C
Minustemperaturen bis $70°$, indem er sich durch warme Klei-

dung und Wohnung schützt, zugleich aber auch eine Hitze
von 35° im Schatten, also insgesamt eine Temperaturspanne
von über 100°! Aber er empfindet bei Steigerung der Lufttemperatur um nur 5° über seine Blutwärme bedeutendes
Unbehagen. Außerdem führt der Kurs nach Norden in eine
im allgemeinen von Krankheitserregern freie Umwelt, der
Kurs nach Süden aber stößt auf allerart todbringende Bakterien sowie Protozoen und andere giftige oder gefährliche
Tiere. Die vielleicht größte Gefahr bei der Wanderung des

Abb. 25. Eskimos der nördlichsten Eingeborenensiedlung auf der Bache-
Halbinsel (79° 10′ n. Br.) in Ellesmere-Land (aus: W. GREELY, „The Polar
Regions, London 1929).

Polarmenschen nach Süden ist die Tuberkulose, da sich bei
ihm gegen diese und andere Seuchen weder individuelle noch
rassische Immunität herausgebildet hat. Außerdem ist er inmitten der Kulturvölker vor allem auch nicht konkurrenzfähig.

Daß der weiße Mensch im Vergleich zu den Polarvölkern
seine Siedlungsgrenze weiter nach Norden vorgeschoben hat
als jene, zeigen uns unsere äußersten Vorposten in der Arktis
(s. Abb. 24 u. 25). Abgesehen von den beiden norwegischen,
bereits seit vielen Jahrzehnten jenseits des 70. Breitengrades

bestehenden Städten *Hammerfest* und *Vardö* befinden sich Vorposten des weißen Menschen auf folgenden Breiten:

1. Unter etwa 79° n. Br. *Ny Aalesund,* norwegische Kohlensiedlung an der Nordwestküste Spitzbergens, 2. unter 79° 10′ n. Br. Deutsches physikalisches Observatorium zu *Ebeltoft-Hafen* in Kreuz-Bucht an der Nordwestküste von Spitzbergen (während 1912—1914), 3. unter 79° 10′ n. Br. Kanadische Polizeistation in *Bache* auf Ellesmereland und 4. unter 81° 48′ n. Br. Russische Wetterfunkstation auf *Kronprinz-Rudolph-Land* im Franz Joseph-Archipel, die als nördlichste ständige menschliche Siedlung zu betrachten ist.

Im übrigen ist es auch nicht notwendig, bis in die höchsten Breiten kolonisierend vorzustoßen, und ein Blick auf die Karte der Arktis lehrt, daß die noch auf *Erschließung und Zueigenmachung harrenden Wald- und Moostundragebiete* gar nicht in solch hocharktischen Zonen liegen, als daß man sich vor ihnen zu fürchten brauchte.

Sehr wenig erschlossen und wenig bevölkert ist Kanada, sogar noch weit weniger als Sibirien. Man kann sagen, daß rund $^4/_5$ des *Dominion of Canada* menschenleer sind. Es klingt paradox, aber es ist Tatsache, daß, abgesehen vom antarktischen Kontinent, wo kein Mensch lebt, *Nordkanada das am wenigsten bevölkerte Groß-Gebiet der Welt* ist, da es rund nur 1 Einwohner auf 760 qkm, oder auf 1 qkm nur 0,001 Einwohner zählt[1]), denn Grönland zählt auf 1 qkm 0,008 und Nordsibirien zwischen 0,01 und 0,03 Menschen. Die als Wüste verrufene *Sahara* ist dagegen ein verhältnismäßig noch gut bevölkertes Land, da dort etwa 0,3 Einwohner auf 1 qkm kommen. Dabei ist Nordkanada menschenleer nicht wegen seiner Unbewohnbarkeit infolge Fehlens der Vegetation, Wasser u. dgl., sondern hauptsächlich infolge Vorhandenseins günstigerer Siedlungsmöglichkeiten im südlichen Kanada.

Zwar hört man oft die Ansicht, daß die Polarnacht keine nachwirkenden ernsthaften Schädigungen auf die Psyche der genannten Stationsbesatzungen ausübe, was im hohen Grade neben der Auswirkung des Schatzes der Erfahrungen früherer Expeditionen, guten Wohnungen, der rationellen Ausrüstung und Verpflegung zuzuschreiben sei. Von anderer Seite wird aber betont, daß die *Dunkelheit* während der Polarnacht zusammen mit großer Eintönigkeit der Umwelt im Winter eine unleugbare negative physiologische und zum Teil auch psychologische Wirkung auf den Menschen ausübt, trotz des Nordlichtes und des Mondscheines, der dort wesentlich mehr zur Geltung kommt als in unseren Breiten.

---

[1]) Kanada hat eine Fläche von 9,5 Mill. qkm und eine Einwohnerzahl von nur 10,4 Mill., davon 10,1 Mill. Europäer; den Rest bilden die Indianer, Eskimos, Neger u. a., die samt den Europäern fast ausschließlich in den südlichsten Gebieten des Landes leben. Das ganze übrige Land ist nur von etwa 10 000 Eskimos und Indianern bevölkert.

VI. Gang der Arktisforschung.

Wann das Vordringen des Menschen nach Norden begonnen hat, wissen wir nicht, aber sicher schon vor 5000 Jahren oder früher, da schon in einer der Veden, dem ältesten Literaturdenkmal der Inder, Hinweise auf die Polarnacht und den Polartag zu finden sind.

Über die ersten Polarreisen liegen nur halblegendäre Überlieferungen vor, so z. B. über die etwa 500 Jahre vor unserer Ära stattgefundenen Reisen des Karthagers HIMILKO in das Zinnland, wahrscheinlich zur Küste der Bretagne, oder von der sehr populär gewordenen Reise des griechischen Geographen PYTHEAS aus Massilia (dem heutigen Marseilles) nach Thule um 325 v. Chr.

PYTHEAS soll die Küsten Britanniens angesegelt und Thule (vermutlich Norwegen) erreicht haben, wo die Mitternachtssonne am Himmel steht, wo große Kälte herrscht und das „geronnene Meer" (*mare concretum*), sowie sehr eigentümliche Menschen anzutreffen sind. Es wird auch versichert, daß PYTHEAS mit seinem Gnomonstab, d. h. nach seinem Schatten, die Sonnenhöhe zu bestimmen verstand. Aus alldem ist es aber schwer festzustellen, was PYTHEAS selbst gesehen und erlebt und was er aus den Erzählungen der Karthager und Phönizier übernommen hat. Nach dieser Reise verstreichen Jahrhunderte, bis wir endlich, und zwar um 150 unserer Ära auf der Weltkarte von CLAUDIUS PTOLEMÄUS sichere Angaben über Britannien, Island, Thule, Jütland u. a. nordische Länder unter Berechnung von Breiten und Längen finden.

Im nachstehenden werden aus der Gesamtheit der Polarreisen, deren Zahl laut *Expeditionskatalog* des *Polar-Archivs* des Autors weit 3000 übersteigt, nur die allerwichtigsten und ganz kurz nach folgenden Gebieten angeführt: *A. atlantisch-europäische*, *B. sibirische*, *C. amerikanische*, *D. innerarktische*.

A. Atlantisch-europäisches Gebiet[1]).

Island – das Land, wo Schnee und Feuer nebeneinander leben, das Land des ältesten germanischen Schrifttums – der

---

[1]) Hier muß bemerkt werden, daß nach Ausbruch des jetzigen Weltkrieges in diesem Gebiet bedeutende Veränderungen eingetreten sind. So wurde der europäische Norden zum Kriegsschauplatz, und die grönländischen und isländischen Siedlungen wurden von anglo-amerikanischer Wehrmacht besetzt, dabei wurden die Radiowetterstationen in Grönland, Island, Jan Mayen, Bären-Insel und Spitzbergen nach Evakuierung der heimischen Besatzungen durch eigenes Personal übernommen.

Edda, Saga, der Skaldenlieder und Chroniken. Auch in politischer Beziehung ist dieses Eiland, das bereits 1930 das 1000. Jahresfest seines Althings (Parlament) gefeiert hat, sehr beachtenswert. Bis vor kurzem war Island ein souveräner Staat, mit Dänemark durch gemeinsamen König verbunden, 1941 hat der Althing beschlossen, Island zur selbständigen Republik zu erklären.

Die geschichtlichen Quellen Islands reichen bis zum Anfang des 9. Jahrhunderts zurück. Um diese Zeit soll Island durch die irischen Mönche erobert worden sein. Nach norwegischen Quellen ist Island durch den Wikinger NADDOD um 860 auf der Fahrt nach den Färöern entdeckt worden. Auch GUNNBJÖRN ULFSSON soll um 870 Island erreicht haben und sogar bis an die Küste Grönlands vorgestoßen sein.

Island ist ein meist vulkanisches Gebirgsland mit Sand- und Lavafeldern, großen Gletschern, darunter der an tiefen Spalten reiche, bis 1900 m hohe Vatnajökkul (s. Abb. 26), zahlreichen tätigen Vulkanen, darunter Hekla von 1557 m Höhe, sowie heißen Springquellen (Geysiren). Die Gletscher münden in die Täler und bilden viele Flüsse.

Grönland (2 175 600 qkm). Nach zuverlässigeren Quellen soll Grönland durch den Norweger EIRIK RAUDE im Jahre 892 erstmalig erreicht und auch betreten worden sein. Wegen mehrerer Verbrechen, selbst Totschlägen, aus Island vertrieben, versucht EIRIK RAUDE das von GUNNBJÖRN gesehene Land aufzusuchen. Er erreicht auch die Südwestküste Grönlands und läßt sich in der Nähe des heutigen Julianehaab nieder. 896 kehrt er nach Island zurück und bewegt eine Anzahl von Isländern, mit Hab und Gut nach Grönland zu übersiedeln. In der Nähe seiner Niederlassung wird die Siedlung *Eystribygd*, die bald 190 Gehöfte zählt, und etwa 350 km nördlicher davon, in der Nähe der heutigen Stadt Godthaab, eine zweite Siedlung *Vestribygd* mit rund 90 Gehöften gegründet.

Nach den neuesten Forschungen von FINNUR JÓNSSON und PAUL NÖRLUND (1921—1932) u. a. sollen in diesen Kolonien bis 3000 Normannen und Isländer gelebt haben, die nicht nur Schweine und Schafe züchteten, sondern auch Großvieh. Sie betrieben neben Landwirtschaft, wozu sie Samen von 50 Kulturpflanzen mitgebracht hatten, auch Fischerei und Jagd auf Robben und kleine Walarten, verstanden auch Sumpferz zu gewinnen. Die von ihnen unternommenen Reisen erstreckten sich nicht nur längs der Küsten Grönlands nordwärts, wo sie bis zum heutigen Upernivik gelangten, sondern auch westwärts bis zur Küste von Labrador. Praktisch sind sie die ersten Entdecker Amerikas gewesen.

Die ersten normannischen Ansiedler trafen in Grönland keine Menschen an, sondern nur ihre zerfallenen Hütten, Boote und Steinwerkzeuge. Erst auf ihren Reisen an die Küsten von Labrador haben sie die kleinwüchsigen heutigen Eskimos, die sie *Skrälinger*[1]) nannten, kennengelernt. Die Skrä-

Abb. 26. Im Randgebiet des Gletschers Vatnajökkull, Island
(aus: E. HERRMANN, „Wikinger unserer Zeit", Berlin 1936).

linger scheinen sich damals zeitweilig mehr nach Norden zurückgezogen zu haben, um später wieder zurückzukehren, als

---

[1]) Die neuerlichen Grabfunde von Beardmore (Ontario) und Kensington (Minnesota) mit skandinavischen Waffen und Runenschriften beweisen, daß die Normannen bereits im 11. Jahrhundert durch die Hudson-Bai bis an die großen kanadischen Seen vorgedrungen waren.

die Normannen schon eine Zeitlang an der Küste ansässig waren. Obwohl diese beiden Völker eine geraume Zeit nebeneinander gelebt haben, fand zwischen ihnen keine Vermischung statt, wie man aus vielen Schädelfunden feststellen konnte.

Die *Skrälinger* stammen nach KNUD RASMUSSEN aus Nordkanada, wo sie an Seen und Flußmündungen wohnten. Von da zogen sie, dem Rentier und dem Polarrind nachstellend, über die Inseln des amerikanischen Archipels, über Baffin-Land und Ellesmere-Land sowie über den Smith-Sund nach Grönland hinüber. Wie aus den vielen vorgefundenen Ruinen der Winter-

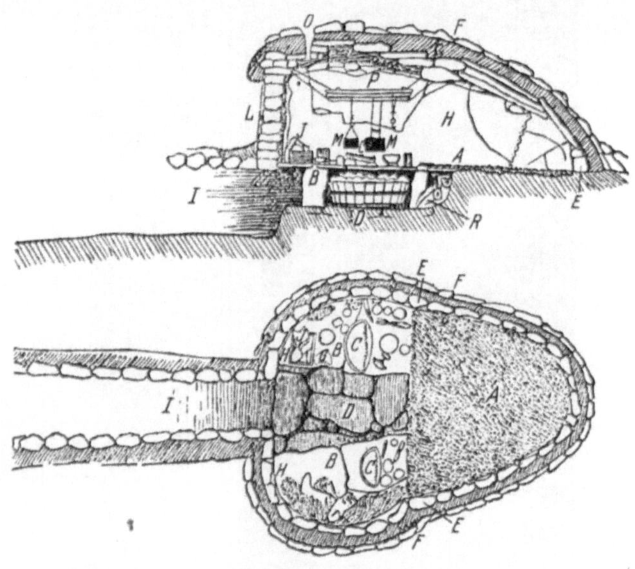

Abb. 27. Aufriß und Grundriß des Winterhauses eines Polareskimos.
A. Schlafpritsche, B. Pritschen für Fleisch, C. Lampen, D. Fußboden, E. innere Steinlage, F. äußere Steinlage, G. Rasendecke, H. Raum über den Pritschen, I. Hausgang, J. Kessel mit Fleisch, L. Fensterscheibe aus Darmhaut, M. Kochgeschirr, O. Luftloch, P. Platz zum Trocknen, R. Raum unter den Pritschen (aus: K. RASMUSSEN, ,,In der Heimat des Polarmenschen'', Leipzig 1922).

häuser, Steinhütten, vom Sommeraufenthalt zurückgebliebenen Zeltringen, Fuchsfallen usw. zu schließen ist, waren diese Skrälinger vor langer Zeit auch an der Ostküste und sogar an der Nordküste Grönlands ansässig (Abb. 27).

Etwa fünf Jahrhunderte währte der Aufenthalt der Normannen in Grönland und ihr unaufhörliches Ringen gegen eine feindliche Natur. Trotzdem aber erreichte der Wohlstand der

Kolonisten eine nicht unbedeutende Höhe, soweit man nach den Kleidungsstücken, deren Muster aus Paris stammten, und anderen Gegenständen, die jetzt der Spaten des Forschers bei den Ausgrabungen auf dem Friedhof in *Herjolfsnäs* und an anderen Stellen ans Licht bringt, urteilen kann.

Schon gegen Mitte des 14. Jahrhunderts hat sich die Verbindung zwischen Grönland und Europa infolge der veränderten klimatischen Verhältnisse sehr verschlechtert, und seitdem wurde sie immer schwieriger und schwieriger, bis sie endlich ganz aufhörte. Die letzte Verbindung mit Island wird mit dem Jahr 1410 datiert. Die Einfuhr von Getreide und anderen Waren sowie der Nachschub von frischen Kräften hörten auf. Durch Inzucht und Krankheiten sank der ganze Lebenstonus des einst kräftigen Stammes, die Leute wurden — wie die Ausgrabungen gezeigt haben — kleiner und schwächer und konnten jetzt nicht mehr tatkräftig genug gegen die Unbilden der Witterung ankämpfen. Auch den jetzt stärker auftretenden Skrälingern konnten sie keinen energischen Widerstand leisten, und diese setzten sich allmählich in ihren Siedlungen fest. Als Hauptgrund des ergreifenden Dramas sind jedoch die sich bedeutend verschlechternden klimatischen Verhältnisse anzusprechen, die auch Verkehrsstockungen hervorgerufen haben. Sie zeigten sich gleichzeitig auch im Auftreten von Gletschern und Frostboden sowie im Fortbleiben mancher wichtiger Meeresjagdtiere, insbesondere einiger Wale und Delphine. Die Katastrophe muß sich an einigen Orten schon kurz vor 1349 ereignet haben, denn der Missionar DAVID CRANZ berichtet von einer Reise IVAR BEERS im Jahre 1349, der dort weder Skrälinger noch Normannen, hingegen aber viele Ochsen und Schafe vorgefunden hat.

Obgleich während der folgenden 3oo Jahre einige Fahrten, so z. B. 1472 die unter Leitung von PINING und POTHORST und 154o die des Hamburger Schiffers BJÖRN JANSSON u. a., nach Grönland stattgefunden hatten, hat von diesen JANSSON allein die Westküste erreicht und hier nur leere Gehöfte (dabei in einem Hause eine Männerleiche in norwegischer Tracht) vorgefunden. 1578 findet FROBISHER in Grönland Eskimos, aber keine Normannen.

Es fehlte nicht an weiteren Versuchen, Grönlands Kolonien zu erreichen, aber erst 1721 gelang es dem norwegischen Priester HANS EGEDE, mit dem Schiff einer mit seiner Hilfe gegründeten Handelsgesellschaft an die Westküste Grönlands zu gelangen. An den Stellen der alten Normannengehöfte fand er nur Ruinen, dafür aber richtige Eskimosiedlungen. Die Eskimos näherten sich ihm erst nur zögernd, er verstand es aber, sich ihnen nützlich zu erweisen und bekehrte sie bald zum Christentum. Nach seiner Abreise im Jahre 1736 wurde sein Sohn POUL sein Nachfolger. Zu jener Zeit kamen nach

Grönland die Herrnhuter Missionare. Beide EGEDE studierten die Sprache und Sitten der Eskimos und gaben eine Grammatik und ein Wörterbuch heraus.

Nun begann erneut der Zustrom von dänischen Kolonisten; unter ihrer Tätigkeit sowie der Tätigkeit der Handelsgesellschaften fing die europäische Kultur wieder an, nach Grönland zu strömen. Die einheimischen Eskimos vermischten sich allmählich mit den Dänen und sind heute, wie sie sich selbst nennen, nicht mehr *Eskimos*, sondern „*Grönländer*". Die reine Eskimorasse ist heute nur noch im Nordwesten der Insel in *Etah*, und eine noch einigermaßen gut erhaltene in den beiden östlichen Kolonien — *Angmagssalik* und *Scoresby-Sund* — zu finden (Abb. 28).

Abb. 28. Eskimokolonie Angmagssalik an der Ostküste Grönlands
(aus: W. GREELY, „The Polar Regions", London 1929).

Statt der früheren zwei Kolonien entstanden jetzt neue Siedlungen und Städte: in der Nähe des Gehöftes von HANS EGEDE: *Godthaab* (1721), ferner *Christianshaab* (1734), *Frederikshaab* (1742), *Sukkertoppen* (1755), *Julianehaab* (1775) usw. Heute zählt das Land 62 Gemeinden, in 12 Distrikte zusammengefaßt, an der Westküste, zu denen noch die isolierten Eskimosiedlungen *Angmagssalik* und *Scoresby-Sund* an der Ostküste sowie die Siedlungskolonien von den Polareskimos in *Etah* und an der naheliegenden Handelsstation *Thule* gehören. Nach der Zählung von 1805 ermittelte man insgesamt etwa 6000 Eskimos, heute zählt man 17200 „*Grönländer*" (Abb. 29) und unter ihnen nur einige Hunderte von *reinen Eskimos*. Von Weißen, vorwiegend Beamten und Kaufleuten, leben in Grönland etwa 40 Menschen.

Mit der EGEDE-Reise wird Grönland neuentdeckt, und nun bricht eine neue Epoche auch in seiner Forschungsgeschichte an. Unter den ersten wissenschaftlichen Forschungen müssen die des dänischen Pfarrers und Naturforschers OTTO FABRI-

CIUS genannt werden, der schon 1780 ein noch heute bedeutendes Werk – „Fauna groenlandica" – veröffentlichte. Ferner wurden zu mineralogischen Forschungen die Deutschen: 1783 der Bergmann PFAFF und 1806 der Bergmann K. GIESECKE abgesandt. Der letztere forschte in West- und Ostgrönland 7 Jahre lang, aber seine hervorragenden Ergebnisse auf dem Gebiete der Mineralogie, Biologie und Ethnographie kamen erst nach seinem Tode zur Geltung.

Die eigentliche Erforschung des Landes begann aber erst nach Abschluß der napoleonischen Kriege, als die dadurch sehr

Abb. 29. „Grönländer" aus der Kirchengemeinde Upernivik in Westgrönland (aus: W. GREELY, „The Polar Regions", London 1929).

erschwerte Verbindung mit Grönland sich wieder normal gestaltete. Jm Jahre 1829 trat die dänische Regierung an die systematischen Küstenaufnahmen Grönlands heran. Später wurde bei Godthaab die physikalische *Disko-Station* eröffnet. Auch eine Anzahl von Wetterstationen mit Funksendern wurden an der Küste errichtet. Von vielen Hunderten von Expeditionen befaßte sich der größte Teil mit der Erforschung Grönlands selbst und der Gewässer seiner Grenzmeere; ein anderer Teil hat Grönland auf seinen Fahrten nur vorübergehend gestreift. Dabei hat man jahrhundertelang nur die südlichen Gebiete Grönlands gekannt und wußte nicht, ob es eine Insel ist oder in Verbindung mit Spitzbergen oder Amerika oder mit beiden steht.

Die ersten sehr aufschlußreichen Mitteilungen brachten zwei Expeditionen: im Jahre 1818 die von W. E. PARRY und JOHN ROSS mit *„Isabella"* und *„Alexander"* und im Jahre 1822 die von W. SCORESBY JUN. Die beiden ersteren segelten längs der Westküste bis zum Smith-Sund und brachten die erste Nachricht über die nördlichsten Bewohner der Welt, die *Etah-Eskimos*; der letztere streifte die Ostküste, entdeckte den Fjord, der heute Scoresby-Sund genannt wird, und erreichte 74° 20′ n. Br. Ein Jahr später erreichte die Expedition von Ch. CLAVERING mit dem Physiker Ed. SABINE an der Ostküste Grönlands die Insel Sabine, wo die ersten Pendelbeobachtungen angestellt wurden. Es wurden dabei die Küstenaufzeichnungen bis zum 76° n. Br. fortgesetzt.

Den nächsten Vorstoß längs der Ostküste unternahm die *II. Deutsche Polarexpedition* (1869/70) mit den Schiffen *„Germania"* und *„Hansa"* unter K. KOLDEWEY und P. HEGEMANN, an der sich JULIUS v. PAYER beteiligte, der mit Schlitten die Küste bereiste und sie bis zum 77° 2′ n. Br. erschloß.

Die beiden Schiffe erreichten die grönländischen Gewässer, verloren aber bald einander im Nebel (unter 74° n. Br. und 12° w. L.). Die „Hansa" fror bald darauf im Eise ein, wurde bei der nächsten Eispressung zerdrückt und sank unter 70° 52′ n. Br. Ihre 14köpfige Besatzung rettete sich mit Proviant aufs Eis, erbaute hier ein Haus aus Preßkohlen, wobei Schnee und Wasser als Mörtel benutzt wurden (s. Abb. 30) und setzte die Eisdrift südwärts längs der Ostküste Grönlands fort (s. Taf. II). Nach 200tägiger Fahrt wurde der 61° 12′ n. Br. erreicht. Die Eisscholle aber, die die Besatzung beherbergte, war jetzt infolge des Berstens und Abtauens kaum noch 300 qm groß und mußte, nachdem auf ihr eine Strecke von etwa 1500 km zurückgelegt worden war, verlassen werden. Im Boot erreichten die 14 Mann an der Südküste Grönlands die Herrnhuter Mission *Friedrichstal*. Das andere Schiff „Germania" hatte mehr Glück: stieß durch das Eis bis zur Sabine-Insel vor, überwinterte hier und führte im nächsten Jahre eine Reihe wissenschaftlicher Arbeiten aus, wobei v. PAYER auf Schlittentouren die Küste zwischen 74° und 77°2′ n. Br. kartierte.

Diese Breite galt als Rekordbreite bis 1905, bis Herzog PHILIPP VON ORLÉANS mit der *„Belgica"* unter Führung von A. DE GERLACHE bis 78° 17′ n. Br. (unter 18° w. L.) vorstieß[1]). Unter weiteren Expeditionen, deren Mitglieder bis an

---

[1]) Nach *„Belgica"* glückte es erst 1933 dem dänischen Dampfer *„Gustav Holm"*, längs dieser Küste bis zum 79.° n. Br. vorzustoßen.

das nördlichste Gestade Grönlands kamen, wäre als erste die amerikanische Expedition unter Leitung von CH. F. HALL mit der „Polaris" (1871–1873) zu nennen, an der sich der deutsche Wissenschaftler EMIL BESSELS beteiligte.

Die „Polaris" erreichte an der Nordwestküste Grönlands 82° 26′ n. Br. HALL starb während der ersten Überwinterung. Am 12. Oktober 1872, während einer Eispressung, wurde das Schiff beschädigt und mußte verlassen werden. Als ein Teil der Besatzung, mit Proviant versehen, schon das Eis betreten hatte, brach die Eisscholle plötzlich ab und kam in Drift samt 19 Menschen, darunter einigen Eskimos mit 2 Frauen und 5 Kindern. Die Eisscholle wurde von der Strömung südwärts durch das Baffin- und Labrador-Meer getrieben und begegnete nach 195 tägiger Drift einem Walfänger, der

Abb. 30. Driftfahrt der „Hansa"-Besatzung auf der Eisscholle längs der Küste Grönlands (aus: „Die zweite deutsche Nordpolarfahrt", Leipzig 1873).

die Besatzung aufnahm (s. Karte, Taf. II). Sie lebten in Iglus und ernährten sich von der Jagd auf Robben. Den übrigen 14 Zurückgebliebenen glückte es, die „Polaris" auf einer Sandbank festzusetzen und abermals zu überwintern. Im nächstfolgenden Jahre zogen sie mit Schlitten südwärts und begegneten ebenfalls einem Walfangschiff.

Die nächste bedeutende Expedition war die englische unter GEORGE NARES mit „Alert" und „Discovery" (1875/76), und zwar nach dem westwärts von Grönland liegenden Grant-Land. Einer ihrer Mitglieder, nämlich L. A. BEAUMONT, stieß längs der Nordküste Grönlands bis zum Sherard Osborn-

Fjord vor (etwa 52° w. L.). Zur weiteren Erschließung der Nordküste Grönlands hat ferner I. B. Lockwood beigetragen, ein Teilnehmer der Greely-Expedition (1882—1884, s. S. 129, 134), der den 41° w. L. erreichte. Ganz besonders hat sich aber um die Erschließung der Nordküste R. E. Peary verdient gemacht.

In der Zeitspanne von 1891 bis 1902 unternahm Peary drei Expeditionen von seinen Basen in Ingelfield-Fjord bzw. Lady-Franklin-Bai aus. Außer einigen Assistenten wurde er auch von seiner Frau Josephine Peary begleitet, die ihm im Winterlager 1894/95 ein gesundes Töchterchen schenkte. Auf diesen Expeditionen hat Peary dreimal Grönland überquert, teils über die Eiskappe, teils an der Peripherie bis zum Independence-Fjord an der Ostküste hin und zurück. Er stellte einwandfrei die Inselnatur Grönlands, dessen Nordgrenze bis 83° 40′ n. Br. *am Kap Morris Jesup* reicht, fest.

Es blieb somit noch übrig, den Küstenstrich zwischen diesem Fjord und dem äußersten Punkt der „*Belgica*"-Expedition — oder richtiger der v. Payers Karte (77° 2′ n. Br.) — aufzunehmen. Diese Aufgabe wurde einwandfrei von der „*Danmark*"-Expedition (1906—1908) unter Mylius Erichsen und I. P. Koch gelöst, an der auch der deutsche Geograph Alfred Wegener teilnahm.

Die Gruppe mit I. P. Koch an der Spitze erreicht auf Schlitten die Independence-Bai, dringt nördlicher hinaus bis zum Punkt unter 83° 30′ n. Br. und 26° w. L. vor und überbrückt somit die noch bis jetzt unbekannte Strecke. Die zweite Gruppe, bestehend aus Mylius Erichsen, Högh-Hagen und dem Eskimo Brönlund, untersucht die Independence-Bai, kommt aber auf dem Marsch längs dem von ihr entdeckten Danmark-Fjord ums Leben.

Im Jahre 1909 wird die „*Alabama*"-Expedition unter Ejnar Mikkelsen und I. P. Iversen auf die Suche nach der Mylius Erichsen-Gruppe ausgesandt; sie leistet auf Schlittentouren fast Übermenschliches. Es gelingt ihr aber weder die Leichen noch die Sammlungen, sondern nur einen Teil der Aufzeichnungen Erichsens zu finden. Während des ersten Winters wird die „*Alabama*" vom Eise zerdrückt, und die Mannschaft muß unter Zurücklassung von Proviant die Küste mit einem Walfänger verlassen. Somit sind Mikkelsen und Iversen gezwungen, auf der Insel Shanon auf die Hilfsexpedition zu warten, und zwar nicht nur während des Winters 1910/11, sondern infolge schwerer Eisverhältnisse nochmaliger Überwinterung bis zum Sommer 1912.

Diese beiden Expeditionen haben viel Licht auf die Geographie Nordostgrönlands geworfen. Sehr zahlreich waren die weiteren Expeditionen, die die verschiedensten wissenschaftlichen Aufgaben zu lösen hatten. Unter diesen standen an der ersten Stelle viele dänische unter Knud Rasmussen und

Lauge Koch und norwegische unter Adolf Hoel u. a., die
am meisten hervorzuheben sind. Seitens anderen Nationen betätigten sich hier Erich von Drygalski, A. Nordenskjöld,
A. G. Nathorst, J. B. Charcot[1]), J. M. Wordie, W. H. Hobbs
u. a.

Parallel mit den Erkundungen an der Peripherie wurden
auch Versuche gemacht, in das Innere Grönlands vorzustoßen.

Die ersten Vorstöße wurden 1878 von I. A. Jensen und
1883 von E. A. Nordenskjöld von der Westküste aus unternommen; es gelang ihnen aber nicht, tief in das Innere zu
kommen. Die erste Durchquerung, und zwar von der Ostküste
nach Godthaab hin, führte 1888 Fridtjof Nansen mit Otto
Sverdrup u. a. auf Skiern aus.

Weitere Überquerungen des Eisplateaus wurden ausgeführt: im Jahre
1912 von Knud Rasmussen und P. Freuchen vom Smith-Sund nach dem
Danmark-Hafen und dem Independence-Fjord und zurück; im selben Jahre
von A. de Quervain aus Rintenbenk nach dem Angmagssalik-Fjord; 1913
von I. P. Koch und Alfred Wegener aus der Dove-Bucht an der Ostküste (75° 45' n. Br.) und noch einigen anderen (s. Karte).

Die Ergebnisse all dieser kurzfristigen Forschungen auf
der Eiskappe wurden durch die Alfred Wegener-Expedition
(1930/31) weit übertroffen. Sie verweilte auf der Eismitte-
Station über 400 Tage und hat neben sehr aufschlußreichen
Messungen der Dicke des Eisschildes noch exakte glaziologische, aerologische und Gravitationsuntersuchungen ausgeführt.

Ihre Hauptstation — *Eismitte* — befand sich fast über 400 Tage lang im
Zentrum des Eisplateaus (71° 10,8' n. Br. und 39° 56,2' w. L.[2])); als Hilfsstationen dienten im Westen die Station *Scheideck* auf dem Nunatak (71° 11'
n. Br. und 51° 7' w. L.) und im Osten die Station im Scoresby-Sund (durch
W. Kopp, H. Peters u. a. besetzt). Besonderen Wert legte man auf die
Beobachtungen der meteorologischen Elemente in verschiedenen Luftschichten und auf die Messungen der Eisdicke auf der Eiskappe. Zwischen
den Stationen Eismitte und Scheideck, von denen die erste durch Joh.
Georgi, E. Sorge und F. Loewe, die zweite durch K. Weiken, H. Jülg,
K. Wölcken u. a. besetzt war, wurden Messungen der Eisdicke nach der
seismischen Methode durchgeführt (K. Herdemerten)[3]).

---

[1]) 1936 bei der Einfahrt in den Hafen von Reykjavik zerschellt sein Schiff
„Pourquoi Pas ?" im Sturm auf einer Klippe und die ganze Expedition außer
einem Matrosen kommt um.

[2]) Wir geben hier die 1940 von E. Kohlschütter berichtigten Koordinaten dieser Station.

[3]) Wie bei den *ozeanischen Tiefenmessungen* mit dem *Echolot* das vom
Meeresgrund reflektierte Echo einer unter der Meeresoberfläche erfolgenden

Auf Grund dieser Forschungen läßt sich folgendes Bild
vom Bau Grönlands entwerfen: Das auf einer archaischen
Rumpfscholle aufgebaute Massiv Grönland ist an seinen Kü-

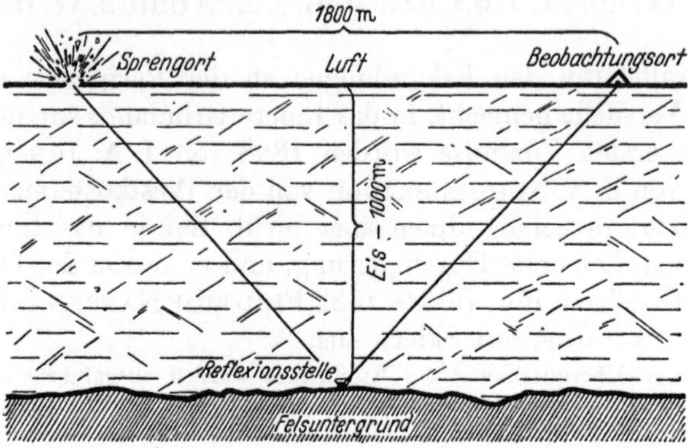

Abb. 31. Schematische Darstellung der Methode der Eisdickemessung
(aus: „ALFRED WEGENERs letzte Reise“, Leipzig 1932).

stenstrichen mit einem dichten Schärenkranz umsäumt. Seine
Oberfläche beträgt 2 175 600 qkm; davon sind nur etwa

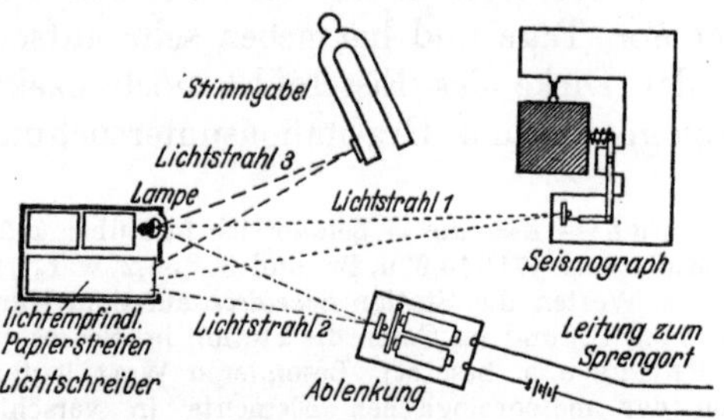

Abb. 32. Schema zur Aufstellung der Empfangsapparate für die Eisdickemessung (aus: „ALFRED WEGENERs letzte Grönlandfahrt“, Leipzig 1932).

3/10 000 qkm in den Randgebieten eisfrei. Nach seinem Bau
stellt Grönland eine riesige Mulde mit bis zu 4000 m hohen

Dynamitexplosion gemessen wird, so kommen bei Messungen der *Eisdicke*
statt Schallwellen Erdbebenwellen in Betracht. Statt des *Echos* kommt hier
die *Erschütterung* als Antwort auf die Dynamitexplosion an die Eisoberfläche.
Sie wird vom *Seismographen*, d. h. Erdbebenmesser, wahrgenommen und durch
einen Zeiger auf einem raschlaufenden Papierstreifen gezeichnet (s. Abb. 31
und 32).

90

Randgebirgen dar, die mit einer schwachgewölbten Eismasse
gefüllt ist. Diese Eismasse erreicht in der Mitte des Landes
eine Höhe von rund 3ooo m bei einer Mächtigkeit von etwa
2ooo m (s. Abb. 33). Ferner wurde zum erstenmal ein klima-
tologischer Querschnitt bis zu großen Höhen mit voller Jahres-
reihe meteorologischer Messungen ermittelt sowie wichtige
glaziologische Feststellungen gemacht.

Für diese Ergebnisse hat ALFRED WEGENER sein Leben gelassen! Um
für die Eismitte-Station, auf der seit dem Sommer GEORGI und SORGE
vorläufig im Zelt (später im Winter in einer tiefen kalten Eishöhle) lebten,
die noch fehlende, aber unbedingt notwendige Ausrüstung, so auch Lebens-
mittel zu liefern, war WEGENER genötigt, zu sehr vorgeschrittener Zeit, am
21. September, eine Reise von Scheideck dorthin zu unternehmen. Er
brach mit LOEWE, der in Eismitte überwintern sollte, 13 Grönländern und

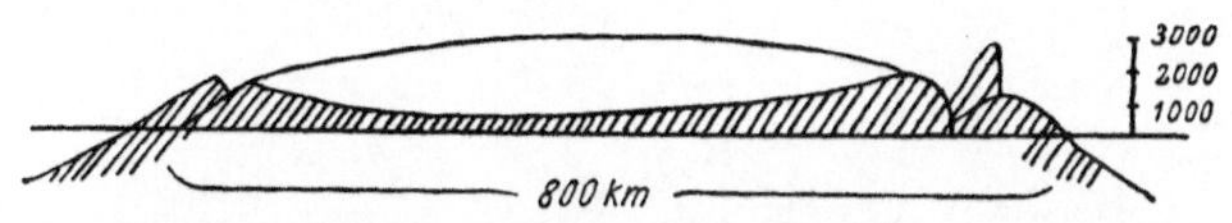

Abb. 33. Querschnitt durch Grönland, nach ALFRED WEGENER-Expedition
(aus: E. HERRMANN, „Wege zum Nordpol“, Berlin 1940).

15 beladenen Schlitten auf. Hoher Schnee, Unwetter, Kälte und Dunkelheit veranlaßten die Eingeborenen bis auf einen, RASMUS, zurückzukehren.
Mit stark reduzierter Ladung erreichte WEGENER mit LOEWE und RASMUS
am 30. Oktober die Eismitte. Auf dem Marsch waren LOEWE alle Zehen
so stark erfroren, daß sie bald mit recht primitiven Mitteln amputiert werden
mußten. — Trotz Fortbleibens eines großen Teiles von Betriebs- und Ver-
pflegungsvorräten genügte das Mitgebrachte, um die Arbeit dieser wichtigen
Station bis zum Sommer als gesichert ansehen zu können. Um sich daher
seinen weiteren glaziologischen Forschungen an der Weststation widmen zu
können … trat WEGENER kurz entschlossen mit RASMUS am Tage darauf,
am 1. November, seinem 50. Geburtstag, den Rückmarsch an, doch kamen
beide unterwegs ums Leben … Nach dem Tode ALFRED WEGENERS (Abb. 34)
wurde zum Leiter der Expedition sein Bruder KURT WEGENER ernannt,
der auch nach Grönland reiste und die Expedition zu Ende führte.

An die auf Schlittenfahrten durchgeführten Erkundungen
der Natur der Eiskappe schließen sich noch solche aus der
Luft an (s. Tafel II).

So führte 1925 der Amerikaner R. E. BYRD mehrere Flüge von Etah
über Nordwestgrönland aus; 1931 überflog W. VON GRONAU auf seinem
Fluge von Sylt nach Amerika Grönlands Eiskappe von Scoresby-Sund bis
Godthaab; 1930—1932 weilte in Angmagssalik die britische *Air-Route-
Expedition* unter Leitung von H. G. WATKINS, der die Erkundung des Luft-
weges zwischen England und Kanada über Südgrönland oblag; sie unter-
hielt im Winter 1930/31 auf der Eiskappe (unter 67° 3′ n. Br. und 41° 49′

w. L.) eine meteorologische Station (*Courtauld*). Ferner unternahm 1933 der Amerikaner Ch. A. Lindbergh u. a. mehrere Überquerungen Grönlands mit dem Flugzeug. Endlich führte 1938 Lauge Koch mit dem deutschen Flugkapitän Mayr einen Nonstopflug aus von Ny-Aalesund auf Spitzbergen nach Nordgrönland und zurück. Auf diesem Flug wurde bei guter Sicht festgestellt, daß die zwischen Grönland und Spitzbergen auf dem sog. Nansen-Rücken vermutete *Fata-Morgana-Insel* nicht existiert.

Abb. 34. Alfred Wegeners Grab auf der Eisplatte in Grönland (aus: „Alfrdd Wegeners letzte Grönlandfahrt", Leipzig 1932).

Jan Mayen ist eine kleine Insel von kaum 372 qkm, sie wurde 1607 durch Henry Hudson entdeckt. Die Tätigkeit des vulkanischen *Beerenberges,* der mit seinen 2270 m der höchste unter den arktischen Inseln ist, ist gegenwärtig unterbrochen.

Trotz ihrer nördlichen Lage besitzt die Insel ein relativ mildes Klima mit starken Niederschlägen (jährlich 870 mm) und häufigem Nebel. Die Insel war bis 1921 Niemandsland und unbewohnt, seit dieser Zeit ist sie von

92

Norwegern in Besitz genommen worden, die hier eine Wetterstation mit Funksender erbaut haben. Man findet hier 41 Arten von Blütenpflanzen.

Europäischer Polarsaum. Das geschichtlich älteste und zugleich das nördlichste bewohnte Kulturland wird wohl Norwegen sein, das, wie die archäologischen Funde beweisen, bereits etwa zwei Jahrtausende vor unserer Ära von demselben germanischen Stamm, der das Land noch heute innehat, bevölkert war. Die historische Zeit fängt in Norwegen mit dem 9. Jahrhundert unserer Ära, mit den Wikingerzügen, an (Abb. 35). Im Jahre 872 wurde der norwegische Staat durch König HARALD HAARFAGER gegründet und Ende des 10. Jahrhunderts durch König OLAF I. das Christentum eingeführt.

Abb. 35. Wikingerschiff aus dem 10. Jahrhundert, nach den 1880 bei Sandefjord gefundenen Resten (aus: A. NORDENSKJÖLD, „Umsegelung Asiens und Europas, 1882).

In den Jahren 870—890 unternahm ein Norweger, OTTAR, eine Erkundungsreise von Norwegen aus um das Nordkap herum, längs der Nordküste Lapplands bis in die Weiße See.

Von seiner Reise wird in der vom angelsächsischen König ALFRED DEM GROSSEN herausgegebenen Weltgeschichte von OROSIUS ausführlich berichtet. Zu der Zeit war von finnisch-lappländischen Stämmen nicht nur die Kola-Halbinsel, sondern auch das Gebiet um die Weiße See und noch südlicher davon bevölkert. Mit diesen Eingeborenen konnte sich OTTAR, wie es aus seiner Erzählung hervorgeht, gut verständigen. Es waren also keine Russen. Die Russen erschienen an den Küsten der Weißen See erst Ende des 13. Jahrhunderts und an der Murmanküste, d. h. an der Nordküste der Kola-Halbinsel, noch ein Jahrhundert später. Es waren Auswanderer aus dem *Fürstentum Nowgorod*, das zum *Hansabündnis* gehörte. Sie erreichten sehr früh auch das von Samojedenstämmen bewohnte Flußgebiet der Petschora und errichteten an mehreren Stellen Siedlungen. Bereits Mitte des 14. Jahrhunderts stand den Russen laut Verträgen zwischen Nowgorod und Norwegen das Recht zu, im lappländischen Finmarken, d. h. beinahe bis zum heutigen Tromsö, Tribut zu erheben. Auch die Norweger haben ihrerseits von den Kola-Lappländern Tribut erhoben. Es fehlte auch nicht an bewaffneten Auseinandersetzungen zwischen den beiden Ländern. In das 15. und 16. Jahrhundert fällt die Blütezeit der russischen Dorschfischerei an der nordlappländischen Küste. Zahlreiche norwegische und dänische Schiffe kamen hierher, um Fische zu kaufen.

Wir sehen also, daß zur Zeit der ersten Vorstöße der Engländer und Holländer auf der Nordostpassage am Ende des 16. Jahrhunderts die Küsten Nordeuropas schon eine seetüchtige Bevölkerung besaßen, die mit den nordischen Verhältnissen weit besser vertraut war als die Seeleute dieser beiden Nationen.

Nachdem wir eine Übersicht über Grönland und die Länder Polareuropas gegeben haben, wollen wir zu den unter dem Einfluß des Atlantik stehenden Archipeln Svalbard, Nowaja Semlja und Franz Joseph-Land übergehen.

Svalbard oder Spitzbergen wurde wahrscheinlich schon im 12. Jahrhundert von den *Wikingern* entdeckt und unter dem Namen *Svalbard* — was etwa „*kalter Rand*" bedeutet — für mit Grönland zusammenhängend gehalten. Die Fahrten dorthin waren ja durch den *Golfstrom*, der die Bahn frei von Eis hielt, weit mehr begünstigt als die Fahrten nach Grönland. Die historisch nachweisbare Entdeckung dieses Archipels fand aber erst im Jahre 1596 durch die holländische Expedition unter JAN RIJP, VAN HEEMSKERCK und WILLEM BARENTS statt, die die Westküste entdeckte. Auf derselben Forschungsfahrt wurde auch die Bären-Insel gesichtet. Es existieren aber historische Quellen, die darauf hinweisen, daß Spitzbergen schon vor 1596 von den Russen zwecks Robbenschlag besucht wurde.

Die Westfassade mit den spitzen alpinen Bergen und Graten, von denen das Archipel seinen Namen erhalten hat, stellt die schönste Seite Spitzbergens dar. Ihre Höhe übersteigt hier selten 1000 m, im Innern erhebt sich das Plateau nur über

600 m. Nur hier und da ragen Bergkegel mit Spitzen aus
dem Schnee heraus, wobei der höchste Berg des Archipels,
der *Newton-Berg*, eine Höhe von 1730 m erreicht (Abb. 36).

Sobald die Nachricht von den reichen Walfisch- und Robbengründen im
Norden durch die Holländer bekannt wurde, erschienen im nächsten Jahr
vor Spitzbergen fast gleichzeitig mit den Holländern auch Engländer; der
englische König JAKOB I. ließ sogar durch einen Erlaß das Eiland in King
James Newland umbenennen und den Walfang dort zum Monopol der Engländer erklären. Die Holländer ließen sich aber nicht abschrecken und ent-
sandten im folgenden Jahre zum Schutze ihrer Walfänger 4 Kriegsschiffe in
die Gewässer von Spitzbergen. In der nächstfolgenden Zeit erschienen hier,

Abb. 36. Kings-Bai mit Kings-Gletscher, Spitzbergen
(aus: R. SAMOILOWITSCH, „Der Weg nach dem Nordpol", 1931).

ebenfalls unter bewaffnetem Schutz, dänische Fangschiffe und in den Jahren
1644 und 1653 auch hanseatische aus Hamburg und Bremen. Die führende
Rolle aber hatten hier die Holländer fast bis zum Ende des 17. Jahrhunderts.
Zeitweise waren die Holländer auf Spitzbergen so zahlreich, daß auf der
Amsterdam-Insel, im Nordwesten des Archipels, eine Siedlung namens
Smeerenburg mit Trankochereien entstand, wo sich in manchem Sommer
bis zu 10000 Menschen aufhielten. Diese Siedlung wird aber nicht lange
existiert haben, da F. MARTENS (s. S. 97) sie schon im Jahre 1671 als eine
verlassene Stätte vorfand. Während der Blütezeit des Walfanges haben in
der Zeitspanne 1669—1769 allein 14167 Schiffe der Holländer nicht weniger
als 57590 Wale erlegt. Es ist daher kein Wunder, daß bei einem solchen
ungeregelten Raubfange die Bestände an diesen kostbaren Tieren sehr schnell
stark reduziert wurden und der wertvollste der Wale, der Grönlandwal,
sogar fast völlig ausgerottet wurde.

Im 19. Jahrhundert wurde der Walfang im Norden fast ausschließlich von Norwegern betrieben. Die Russen, mit sehr wenigen Ausnahmen, beteiligten sich nicht an diesem Gewerbe, sie haben aber praktisch fast allein etwa 3 Jahrhunderte lang auf Spitzbergen geherrscht: wahrscheinlich noch vor der Entdeckung der Insel im Jahre 1596 bis zur zweiten Hälfte des vorigen Jahrhunderts. Sie hielten sich hier nicht nur im Sommer, sondern auch im Winter auf und betrieben in den Küstengewässern Walroß-, Robben- und Weißfischfang, Bärenjagd und im Inneren des Eilandes Jagd auf Rentiere und Polarfüchse; auch Daunen von Eidergänsen wurden gelegentlich gesammelt. Sie besuchten fast sämtliche Inseln des Archipels und errichteten sowohl leichte Hütten aus Brettern als auch Winterblockhäuser aus Treibholz (s. Abb. 37). Viele von den Russen verbrachten mehrere Jahre lang auf Spitzbergen, so z. B. Iwan Starostin, der dort 32 Winter verweilte und 1826 in Greenharbour gestorben und begraben ist.

Abb. 37. Orte auf Spitzbergen, an denen die russischen Robbenfänger im 18. Jahrhundert ihre Sommer- bzw. Winterstationen hatten (nach B. Keilhau, 1829).

Zur Ablösung der Russen auf dem Lande sind 1819 die Norweger gekommen, um hier dasselbe Gewerbe weiterzutreiben. Von den vielen Dramen, die sich unter den Fangleuten auf Spitzbergen abgespielt haben, fallen einige durch ihre Tragik besonders auf. So zum Beispiel:

Im Spätsommer 1743 legte an der wenig besuchten Edge-Insel ein russisches Robbenfangschiff an. Der Kapitän A. Chimkow und drei Matrosen gingen an Land, um sich nach einem Hause zur Überwinterung umzusehen. Als sie an die Küste zurückkehrten, war das Schiff mit dem Eis, das vor der Küste lag, verschwunden. Die Leute hatten nur ein Gewehr mit 12 Schuß Munition bei sich, ein Feuerzeug mit Zündung, einen Kessel, ein Beil, etwas Brot, aber weder Winterkleidung noch Proviant. Mit Treibholz besserten sie das Haus aus, aus Treibholz schnitzten sie sich Bogen und Pfeile; aus Nägeln, die in einer Planke steckten, fertigten sie Speer- und Pfeilspitzen an, aus Rentierfellen Kleider. Sie erlegten auch Bären und trieben wohlbehalten dieses Robinsonleben 6 Jahre und 3 Monate lang, bis sie von einem Schiff abgeholt wurden.

Was nun die wissenschaftliche Erforschung und Kartierung Spitzbergens anbetrifft, so haben seine Entdecker, die Holländer, wie dieses aus dem gründlichen Werk von F. C. Wieder (1919) hervorgeht, in der Zeitspanne von 1596—1829 eine Reihe von Karten veröffentlicht. Die ersten ausführ-

lichen, mit Abbildungen versehenen Schilderungen der Natur
Spitzbergens, seines Pflanzen- und Tierlebens sowie seines
Walfanges finden wir aber im 1675 in Hamburg erschienenen
Werk von FRIEDRICH MARTENS, der als Feldscher im Jahre
1671 mit einem deutschen Walfänger „*Jonas im Walfisch*"
die Reise dorthin unternahm.

Die ersten physikalisch-geographischen Beiträge lieferten
die 1758 stattgefundene Forschungsreise des schwedischen
Gelehrten A. R. MARTIN, sowie die Reisen des Vaters und
Sohnes W. SCORESBY in den Jahren 1802–1822. Geologische
Forschungen wurden zuerst vom Norweger B. KEILHAU, der
1827 mit der deutschen Expedition von BARTHO V. LÖWENIGH
gekommen war, sowie 1837 vom schwedischen Gelehrten
SVEN LOVÉN ausgeführt.

Diese Reisen bildeten die Grundlage für weitere Forschungen, an denen
sich Gelehrte aller Länder beteiligt haben. Dabei Schweden, das über 30 Expeditionen unter A. NORDENSKJÖLD, DE GEER, A. NATHORST u. a. entsandt
hatte, leistete Besonderes auf dem Gebiete der geologischen Forschung, stellte
vor allem den Reichtum an *Steinkohle* auf Spitzbergen fest und bestimmte
dadurch für die Geschichte dieses Archipels eine neue Ära. Ferner haben
sich Norweger, wie wir weiter zeigen, Deutsche und auch Engländer (M. W.
CONWAY, A. R. GLEN u. a.) viel um die Erschließung dieses Eilandes bemüht.
Von deutschen Expeditionen erwähnen wir hier: die der Zoologen F. SCHAU
DINN und F. RÖMER (1899), die große marine Funde mitbrachte und die
Anregung zur Herausgabe eines Standardwerkes — „Fauna arctica" — gab;
die Vorexpedition für die Südpolarexpedition von W. FILCHNER (1910);
im nächsten Jahre die Reise der Zeppelinkommission nach Kingsbai
zwecks Prüfung der Möglichkeit, Luftschiffe starrer Konstruktion für aerologische Forschungen in der Arktis zu verwenden, an der sich außer dem
Grafen F. ZEPPELIN Prinz HEINRICH VON PREUSSEN, E. VON DRYGALSKI
u. a. beteiligten. Das erste Ergebnis war die Gründung eines geophysikalischen Observatoriums in der Kreuzbucht (im Ebeltoft-Hafen), das bis zum
Weltkrieg unter Leitung von KURT WEGENER gearbeitet hat. Im Jahre 1912
fand eine verhängnisvolle Vorexpedition zu einer arktischen Expedition unter
SCHRÖDER-STRANZ statt, die den 7 Mann das Leben kostete. Die Rettung
der übrigen ist dem Kapitän A. RITSCHER zu verdanken, der mitten im
Winter auf einem $7^1/_2$ tägigen Alleinmarsch auf Skieren die Advent-Bai erreicht und eine Hilfsaktion in Gang gebracht hatte. Unter vielen deutschen
Forschernamen nennen wir hier: Herzog ERNST VON SACHSEN, K. GRIPP,
M. GROLL, M. GROTEWAHL, E. HERRMANN, H. RIECHE, E. SORGE. Nicht
vergessen soll auch die große französische „*La Recherche*"-Expedition im
Sommer 1838—1840 unter P. GAIMARD bleiben. Sie hat u. a. zum erstenmal
einen *Fesselballon* zu aerologischen Zwecken verwendet.

Von großer Bedeutung sind auch die 1898 bis 1902 ausgeführten Arbeiten
der *Russisch-Schwedischen Gradmessungs-Expedition* unter Leitung von
TH. TSCHERNYSCHEW und A. WASSILJEW russischerseits und ED. JÄDERIN
und G. DE GEER schwedischerseits. Die Expedition hat exakte Messungen

eines Meridianbogens von 4° 19′ zwischen der Südspitze des Archipels (76° 30′ n. Br.) und der nördlichsten der Sieben Inseln (80° 49′ n. Br.), nämlich auf einer Strecke von 460 km, ausgeführt. Über die Expeditionen mit Flugzeugen sprechen wir an anderer Stelle (s. S. 139).

Nach der heroischen *Wikingerperiode* fangen die Norweger erst nach den napoleonischen Kriegen wieder an, eine bedeutende Rolle im Norden zu spielen. Ab 1814 nämlich, als das Bündnis Norwegens mit Dänemark durch ein solches mit Schweden ersetzt wurde, hörte Finmarken auf, eine vernachlässigte dänische Provinz zu sein. Ihr und ihrer finnisch-lappländischen Bevölkerung wird von jetzt ab viel Aufmerksamkeit geschenkt: es werden Leuchttürme und Telegraphenstationen an der Küste errichtet, Schnelldampferverkehr, Fischereiinspektion und Meeresforschung sowie Seerettungsdienst ins Leben gerufen. Vor allem aber wird Finmarken von norwegischen Elementen kolonisiert, die dort einige Städte gründen. Die Norweger beginnen jetzt neben dem Walfang auch Robbenschlag im Norden zu betreiben und unternehmen zu diesem Zweck Eisreisen bis in die Kara-See.

Es wurde schließlich auch mit einer systematischen Aufnahme und Erforschung Spitzbergens begonnen, und zwar zuerst in den Jahren 1906 und 1907 auf den Expeditionen des Fürsten VON MONACO seitens des Geologen A. HOEL und des Topographen A. STAXRUD. Diese Untersuchungen führten zur Gründung in Oslo einer Svalbard- und Eismeerforschungszentrale, die unter Leitung ihres Direktors A. HOEL eine lange Reihe von Expeditionen nach Spitzbergen und auch nach Grönland entsandte. Unter anderem wurde auch hier, wie in Ost-Grönland, in den Jahren 1936 bis 1938 nach deutschen luftphotogrammetrischen Methoden (*Otto Lacmann*) unter Leitung von A. HOEL der ganze Svalbard-Archipel aufgenommen. An den vielen norwegischen Forschungen beteiligten sich außer den schon genannten folgende norwegische Gelehrte: F. NANSEN, J. HJORT, H. GRAN, O. HOLTEDAHL, E. DAHL u. a.

Seit Beginn unseres Jahrhunderts liegt die Bedeutung Spitzbergens nicht in seinen *Fanggründen*, sondern in seinem Reichtum an vortrefflicher *Steinkohle*, die vier geologischen Abschnitten — dem *Karbon, Jura, Kreide* und *Tertiär* — angehört. Die heutigen Kohlenbergwerke sind vorwiegend mit der Tertiärkohle beschäftigt, die sich in Flözen dicht an der Oberfläche fast horizontal zwischen dem Eis-Fjord und der Van Mijen-Bai (in Bellsund) hinzieht. Die Jura- und Kreidekohlenlager nehmen die nördlichen Buchten des Eis-Fjords ein und die Karbonkohle — das Gebiet zwischen dem Eis-Fjord und den Agardh- und Whales-Buchten. Am zugänglichsten sind die Tertiärflöze, auch ihr Abbau ist ungefährlich, da die niedrige Temperatur der Luft und der ständig gefrorene Boden unter den Flözen weder Wasserandrang noch Schlagwetterexplosionen durch Bildung von Kohlengasen zulassen. Man schätzt den gesamten Vorrat an Steinkohle bis auf über 8,5 Milliarden Tonnen (s. Abb. 38).

Als erste haben sich zum *Abbau der Kohle* die Amerikaner gemeldet, die 1906 an der Westküste der Adventbai (im Eis-Fjord) die Niederlassung Longyaer City gründeten. Im Jahre 1916 ging diese Gründung in norwegische Hände über. 1908 begannen die Engländer an der Ostküste derselben Bucht den Kohlenabbau, aber auch diese Mine wurde bald von einer norwegischen Gesellschaft übernommen. Auch Schweden begann 1910 in der Braganza-Bai, die Russen 1914 in der Coal-Bai und die Holländer in Barentsburg mit der Kohlegewinnnng. Es befanden sich eine Zeitlang etwa

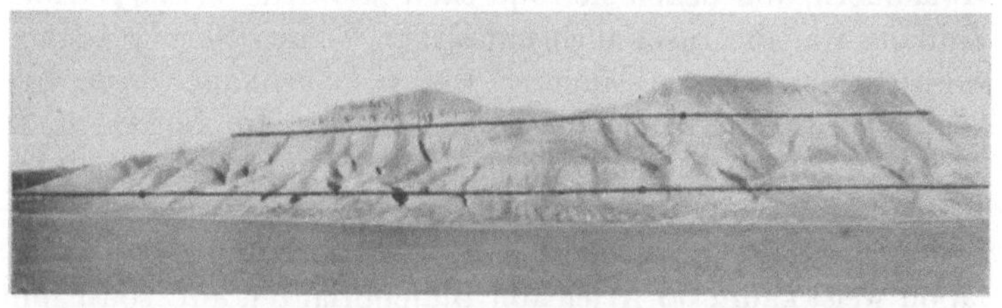

Abb. 38. Advent-Bai im Eisfjord, Spitzbergen. Die schwarzen Linien zeigen die Lage der Kohlenflöze (aus: A. HOEL, „Result. norske Statsunderst. Spitsbergeneksped.", Bd. I, Nr. 6, Oslo 1925).

15 verschiedene Unternehmen in Tätigkeit in Spitzbergen. In der Zeitspanne 1907 bis 1924 wurden insgesamt 1 781 150 Tonnen Steinkohle exportiert.

Die geographische Lage und die klimatischen Verhältnisse Spitzbergens, besonders aber Arbeiter- und Verschiffungsfrage haben bald gezeigt, daß die Ausbeutung der Spitzbergenkohle nur für Norwegen und Sowjetrußland ökonomisch tragbar erscheint. Heute befinden sich dort fast allein nur noch Kohlenbergwerke dieser beiden Staaten, und zwar: 1. im Eis-Fjord: sowjetrussische (in Greenharbour *Barentsburg* und Coal-Bai *Grumant*) und norwegische (in der Adventbai) und 2. in der Kings-Bai norwegische (bei Ny-Aalesund). Am stärksten ist der Kohlenexport aus den Bergwerken Barentsburg und Grumant nach den nordrussischen Häfen von Murmansk und Archangelsk; viel Kohle wird auch für den Betrieb auf der Nordsibirischen Seeroute befördert. In diesen Werken werden über 2000 Arbeiter und Angestellte ganzjährig beschäftigt.

Wie bekannt, ist der Archipel *Svalbard* (*Spitzbergen, Hope-Insel* und *Bären-Insel*) 1920 durch den Vertrag von Versailles Norwegen zugesprochen worden. Seit dieser Zeit sind hier auch recht geordnete Verhältnisse eingetreten; es findet ein planmäßiger Dampferverkehr zwischen Tromsö und den Hauptorten von Spitzbergen statt, in Longyearbyen und Ny Aalesund sind Funkstationen in Betrieb gesetzt, zur Sommerzeit werden an verschiedenen Orten Poststationen und in Ny Aalesund ein kleines Hotel geöffnet. Somit wird Spitzbergen von jetzt ab eine noch schneller und bequemer zu erreichende Stätte für Polarforschung werden, was von großer Bedeutung ist, da hier der größte Teil aller geologischen Formationen vom Silur bis zum Tertiär und Quartär vorkommt; auch als Ausflugsort für Schiffe der Touristen und Jagdgesellschaften wird Spitzbergen in Zukunft noch mehr zur Geltung kommen.

Die Bären-Insel erhielt ihren heutigen Namen von den Holländern, von denen sie 1596 entdeckt wurde (s. S. 94). Eine Zeitlang war die Insel auch unter dem Namen *Sherry Island*, wie sie 1606 vom Engländer S. BENNETT benannt wurde, bekannt. Es ist eine kleine Insel von 173 qkm. Im Norden stellt sie eine niedrige Felsenebene dar, die im südlichen Teil zum Plateau mit dem 536 m hohen *Mount Misery* ansteigt. Im Sommer ist die Insel meist von Nebel umhüllt. Ihre Vegetation weist kaum 50 Arten von Blütenpflanzen auf, sonst nur Moose und Flechten.

Ab 1920 gehört die Bären-Insel zu Svalbard und besitzt in *Tunheim* an ihrer Ostküste eine Wetter-, Radio- und Poststation. 1898 hat der deutsche Seefischerei-Verein im Norden der Insel (im *Herwig-Hafen*) eine Fischereistation errichtet. Das geplante Unternehmen ist aber nicht zustande gekommen.

Nowaja Semlja ist eine langgestreckte Doppelinsel von 81 280 qkm. Die durch den Matotschkin Schar getrennten Inseln bilden zusammen mit der Insel Waigatsch die Fortsetzung des Päe-Choigebirges, einer Abzweigung des Urals. In seinem südlichen Teil ist das Land niedrig und moostundraartig, gegen den Matotschkin Schar hin steigt es immer mehr an, wobei einige Gipfel 1500 m erreichen. Hier, an der Ostseite, gibt es auch Gletscher. Der nördliche Teil stellt ein etwa 600 m hohes, mit Eis bedecktes Hochplateau dar (Abb. 39).

Nowaja Semlja ist nach Grönland das älteste Polareiland. Bereits 1569 findet man es auf den Karten von MERKATOR unter der Bezeichnung „*Nova Zemla*". Auch die ersten englischen und holländischen Seefahrer des 16. Jahrhunderts trafen hier auf der *Nordostpassage* alte, von Russen errichtete Holzkreuze an. Man nimmt an, daß bereits Mitte des 16. Jahrhunderts auf Nowaja Semlja einige Samojeden gelebt haben; einige von den Eingeborenen, wie DE LA MARTINIER, der Arzt einer dänischen Expedition von 1653, behauptet, sind sie sogar nach Europa entführt worden. Es gibt aber keine Anzeichen dafür, daß hier jemals eine ständige Bevölkerung gesessen hat.

Abb. 39. Nowaja Semlja. Zentralteil der nördlichen Insel
(aus: Erg.-Heft 216 zu ,,Pet. Mitt.'', 1935).

Bis vor 1872 haben Samojeden und Russen dieses Land nur zum Robben-, Weißfisch- und Lachsfang sowie zur Pelztierjagd besucht und auch gelegentlich dort überwintert. Auch sind Fälle bekannt, wo russische Sektierer hier Schutz vor Verfolgungen gesucht haben, die jedoch meist in kurzer Zeit den unwirtlichen Verhältnissen zum Opfer fielen. Die erste Siedlung auf Nowaja Semlja entstand im Jahre 1872 am Kostin Schar an der Westküste der südlichen Insel, und 1877 wurde etwas nördlicher davon, in Malyje-Karamakuly, eine Rettungsstation, bald darauf auch eine Samojedensiedlung sowie eine meteorologische Station gegründet. Im Laufe der Zeit entstanden an der Westküste noch weitere Kolonien, in denen jetzt auch Russen leben. 1894 wurde zwischen Archangelsk und Nowaja Semlja eine regelmäßige Dampferverbindung geschaffen. Heute besitzt Nowaja Semlja bereits zehn Kolonien (davon eine an der Ostküste der nördlichen Insel) mit insgesamt etwa 350 Einwohnern. Über die Hälfte sind Russen, der Rest Samojeden. Auch zehn Wetterstationen und ein physikalisches Observatorium (am Matotschkin Schar) sind errichtet worden und versehen den Weltwetterdienst mit Funkmeldungen (s. Abb. 40—43).

Wie auf Spitzbergen, so wird auch hier in der letzten Zeit mehr Wert gelegt auf die Gewinnung von Bodenschätzen als auf das Jagdgewerbe, das stets nur begrenzte Entwicklungsmöglichkeiten hat. Und in dieser Richtung haben auch hier geologische Forschungen zu sehr wichtigen Ergebnissen geführt. Es wurden auf der Waigatsch-Insel in der Warnek-Bucht reiche Lagerstätten von Blei und Zink und an der Mündung der *Amderma*[1]) Flußspat (*Fluorit*) entdeckt. Heute sind

Abb. 40. Samojeden der noch während zaristischer Regierung gegründeten Kolonie in der Beluschja-Bucht, Westküste von Nowaja Semlja (Aufnahme der „*Sviatogor*“-Expedition, 1920).

an diesen Orten Siedlungen von je 2000–3000 Arbeitern und Angestellten entstanden, die den Betrieb in diesen Minen versorgen.

Die geographische Erschließung von Nowaja Semlja beginnt eigentlich durch die holländische Expedition unter VAN HEEMSKERCK und WILLEM BARENTS, die 1596 um die Nordspitze von Nowaja Semlja den Weg nach Indien zu finden suchte. Es gelang ihr auch, die Nordspitze dieses Landes zu umsegeln und an der Ostküste, also schon in der Kara-See, im Eishafen (76° n. Br.) zu überwintern.

---

[1]) Amderma liegt auf dem Kontinent an der Küste der Kara-See (s. Taf. II).

Das Schiff wurde bald vom Eise zerdrückt, und die 17 köpfige Besatzung baute sich aus Treibholz und Planken des Schiffes ein Winterhaus. Skorbut raffte BARENTS und vier Mann der Besatzung dahin, die übrigen verließen im Sommer 1597 den Eishafen und segelten in zwei Booten wieder um die Nordspitze des Eilandes herum nach Süden; sie begegneten zwei russischen Schiffen, auf denen sie Aufnahme fanden. Während der Überwinterung wurden erstmalig in Rußland regelmäßige meteorologische Beobachtungen angestellt (wenn auch ohne Thermometer und Barometer, die damals noch nicht erfunden waren). Außerdem lieferte diese Expedition eine Karte der West- und Nordküste von Nowaja Semlja. An dieser sowie an zwei vorher stattgefundenen holländischen Nordreisen beteiligte sich GERRIT DE VEER, der eine ausführliche Beschreibung dieser drei Reisen gegeben hat.

Abb. 41. Sommerzelt der Samojeden an der Westküste von Nowaja Semlja
(Aufnahme der Murman-Expedition).

Erst 160 Jahre danach läuft wieder ein Schiff, nämlich das des halblegendären SAWWA LOSCHKIN, Nowaja Semlja an. LOSCHKIN soll Nowaja Semlja mit zwei Überwinterungen umsegelt haben.

1768 segelt nach Nowaja Semlja Steuermann ROSMYSLOW, der den Sund — den heutigen Matotschkin Schar — entdeckt und hier überwintert. Seine Leute leiden stark an Skorbut, doch gelingt es ihnen im Frühjahr, die Kara-See zu erreichen. In den nachfolgenden Jahren werden wieder einige Expeditionen nach Nowaja Semlja ausgesandt, um dort nach Boden-

schätzen zu suchen und auch kartographische Arbeiten vorzunehmen, sie
hatten aber alle wenig Erfolg. Die wissenschaftliche Erschließung der Nowaja
Semlja beginnt erst 1821 bis 1824 unter Leitung von Kapitän TH. LÜTKE.
Aber auch ihm war es infolge schwieriger Eisverhältnisse nicht beschieden,
in die Kara-See vorzustoßen. 1832/33 wurde P. PACHTUSSOW ausgesandt.
Diesem gelang es durch die Kara-Straße in die Kara-See durchzustoßen und
die südliche und östliche Küste der südlichen Insel zu kartieren. Noch zwei
Jahre später haben PACHTUSSOW und A. ZIWOLKA Matotschkin Schar und
die Ostküste der nördlichen Insel bis etwa 75° n. Br., d. h. bis dicht an die
Winterstation BARENTS im Eishafen kartiert. 1837 wurde die Westküste der
Nowaja Semlja von der Expedition unter K. VON BAER und H. LEHMANN

Abb. 42. Russische Kolonisten in der Beluschja-Bucht, Westküste
von Nowaja Semlja (Aufnahme der „*Sviatogor*“-Expedition, 1920).

besucht. Auch ihr gelang es nicht, die Kara-See zu erreichen. Die ungünstigen Erfahrungen von LÜTKE und VON BAER veranlaßten sie, die
Kara-See einen „unzulänglichen Eiskeller“ zu nennen. Diese autoritative
ungünstige Äußerung wirkte sich aber sehr nachteilig auf die weiteren Forschungen, besonders in bezug auf die Schiffahrt zu den Mündungen von Ob
und Jenissej, aus.

Seitens Rußland wurde damals der Nowaja Semlja überhaupt wenig Aufmerksamkeit geschenkt, desto mehr aber seitens der norwegischen Robbenfänger, die im Zeitraume von
1869–1872, also fast 300 Jahre nach WILLEM BARENTS Reise,
als erste die Nordinsel von Nowaja Semlja nicht nur umsegel-
ten, sondern auch kartierten und auch die ersten wissenschaftlichen Aufschlüsse über die Kara-See brachten.

Es waren die Fangschiffe unter den Kapitänen E. CARLSEN, I. DOERMA, ED. und S. JOHANNESEN, F. MACK u. a. Dabei hat E. CARLSEN 1871 im Eishafen das Winterlager WILLEM BARENTS' besucht und in unberührtem Zustande gefunden. Seit dieser Zeit betrieben die Norweger den Robbenfang in der Kara-See. Auf diesen Fahrten wurde 1878 von E. H. JOHANNESEN inmitten der Kara-See die *Einsamkeits-Insel* entdeckt.

Nun wächst jetzt das Interesse für die Kara-See und die nordsibirische Seeroute, und Nowaja Semlja bleibt weiter wenig beachtet.

Abb. 43. Eine Opferstelle der Samojeden an der Südwestküste der Waigatsch-Insel (aus: F. G. JACKSON, ,,The Great Frozen Land, London 1895).

In dieser Zeit (1896) wird das Eiland von Fürst B. B. GOLITZIN besucht, um in Malyje-Karmakuly die Sonnenfinsternis zu beobachten. 1899 bis 1901 arbeitete auf Nowaja Semlja der Maler A. A. BORISSOW, ferner die norwegische Expedition von O. BIRKELAND (1902/03) zur Erforschung des Polarlichtes, sowie die CH. BÈNARDS und W. RUSSANOWS (1908). Im Jahre 1910 und 1912 unternimmt RUSSANOW weitere Reisen. Vom Matotschkin Schar aus startet er zu seiner letzten Forschungsreise durch die Kara-See an Bord des ,,*Herkules*". Nach einigen später gefundenen Gegenständen dieser Expedition zu urteilen, mußte RUSSANOW in der Westsibirischen See mit der gesamten 12köpfigen Besatzung umgekommen sein. Außer der RUSSANOW-Expedition befanden sich in den nordischen Gewässern noch folgende unheilvolle russische Expeditionen: 1912—1914 die von G. SEDOW und G. BRUSSILOW, 1914—1915 die von B. WILKITZKI mit ,,*Taimyr*" und ,,*Waigatsch*" und 1920 die des Eisbrechers ,,*Solowej Budimirowitsch*". Zur Hilfeleistung wurden diesen Schiffen aus Norwegen 1914 und 1915 durch den Beauftragten für diese Aktion L. BREITFUSS fünf Expeditionen entsandt. Eine davon hatte den Pilot Leutnant J. NAGURSKI an Bord, der 1914 auf dem Wasserflugzeug Farman die *ersten in der Arktis erfolgreichen Flüge* über Nowaja Semlja und die Barents-See bis etwa 76° 30′ n. Br. ausführte. 1920 wurde dem in der Kara-See in Not befindlichen Schiffe wieder Hilfe aus Norwegen gesandt, und zwar durch den Eisbrecher „*Krassin*"[1]) (s. Abb. 44) unter Leitung von L. BREITFUSS und Kapitän OTTO SVERDRUP.

Zur Sowjetzeit wurde der Erforschung von Nowaja Semlja mehr Aufmerksamkeit geschenkt. Das Eiland wurde von einer großen Anzahl Wissenschaftler zu geologischen, biologischen und geophysikalischen Studien sowie zur Lösung verschiede-

Abb. 44. Eisbrecher „*Krassin*", ex „*Sviatogor*"
(aus: R. SAMOILOWITSCH, „Der Weg nach dem Nordpol", 1931).

ner Rentierzuchtfragen besucht. Auch mit Küstenvermessungen wurde begonnen. Von fremdländischen Expeditionen während dieser Zeit ist nur die norwegische unter O. HOLTE-DAHL (1921) zu nennen.

Die **Kolgujew-Insel** (3728 qkm) wird hauptsächlich von Samojeden bewohnt, die Rentierzucht und Gänsejagd betreiben. Als 1556 die englische Expedition unter BURROUGH hier anlegte, begegnete er Russen, die ihm den Namen der Insel mit-

---

[1]) Man erhielt 1920 den Eisbrecher, der damals den Namen „*Sviatogor*" trug, aus England, das ihn für die Rechnung der zaristischen Regierung erbaut, aber infolge politischer Wirren noch nicht abgeliefert hatte.

teilten. 1767 sollen hierher 40 russische Sektierer vor Verfolgungen geflüchtet sein.

Franz Joseph-Land ist der jüngste Archipel im atlantisch-europäischen Gebiet von etwa 20 000 qkm. Er befindet sich wie Svalbard auf dem europäischen Kontinentalsockel und weist in noch stärkerem Maße die Landauflösung auf. Die plateauartige Inselflur mit ihren steilen Hängen ist fast gänzlich mit einer Eisdecke überzogen. Bei den am besten untersuchten südlichen Inseln treten unter der Eiskappe horizontal gelagerte schwarze Basaltschichten hervor. Da die Inseln nicht hoch sind (die höchste Erhebung auf dem Wilczek-Lande, der *Wüllerstorff-Berg*, erreicht nur 735 m), ist hier die Gletschertätigkeit bedeutend schwächer als auf Spitzbergen, und die tafelförmigen Eisberge erreichen eine Höhe über dem Meeresspiegel von nur 20–25 m (s. Abb. 7). Wie bekannt, ist Franz Joseph-Land im Jahre 1873 von der österreichisch-ungarischen Expedition von C. WEYPRECHT und J. V. PAYER entdeckt worden.

Schon an der Nordwestküste Nowaja Semljas wurde das Schiff „*Tegetthoff*" vom Eis erfaßt und fing an nach Norden zu driften. Nach 372 tägiger unfreiwilliger Eisfahrt gelangte es an ein unbekanntes Eiland — das Franz Joseph-Land. Es wurden mehrere Schlittenfahrten über den Archipel in nördlicher Richtung bis zum äußersten Punkt unternommen und der größte Teil des Archipels aufgenommen. Da auch vor dem zweiten Winter mit einer Befreiung des Schiffes nicht zu rechnen war, wurde das Schiff verlassen und die Rückreise in Booten und Schlitten zur Nowaja Semlja angetreten, wo russischen Fangschiffen begegnet wurde.

Die nächste Expedition war die „*Eira*"-Expedition von LEIGH SMITH (1880 und 1881/82); sie dehnte ihre Erkundungen in westlicher Richtung aus. Einen weit bedeutenderen Beitrag zur Erschließung dieses Landes lieferte die FREDERICK JACKSON-Expedition (1894—1897). Sie hat den Britannia-Kanal und die Insel westlich davon entdeckt und kartiert. Ihr war es auch vergönnt, den vom hohen Norden zurückkehrenden NANSEN und JOHANSEN (s. S. 134) zuerst zu begegnen.

Bis 1926 war Franz Joseph-Land *Niemandsland* (*terra nullius*). Dann ist dieser Archipel von Sowjetrußland annektiert worden [1]). Im Jahre 1929 errichteten die Russen in der *Tichaja-Bucht* auf der *Hooker-Insel* ein physikalisches Ob-

---

[1]) Laut einer Deklaration der UdSSR.-Regierung von 1926 werden die Territorialgrenzen der Union im Westen durch den Meridian 32° 4′ 35″ östl. Länge und im Osten durch den Meridian 168° 49′ 30″ w. Länge bestimmt. Danach fällt — nach Ansicht der UdSSR.-Regierung — Franz Joseph-Land in ihren Polarhoheitssektor.

servatorium und 1937 in der *Teplitz-Bucht* auf dem *Kron-prinz-Rudolph-Land* eine *Basis für Flugzeuge* mit Wetter-und Funkstation.

Seit Beginn unseres Jahrhunderts ist Franz Joseph-Land wegen seiner hohen geographischen Lage zum Ausgangspunkt für die Polstürmer geworden. Zu diesen gehören:

Die Expedition des amerikanischen Journalisten W. WELLMAN (1898 bis 1899). Sie hatte wenig Erfolg: WELLMAN brach sich auf dem Marsch zum Nordpol in der Nähe des Kronprinz-Rudolph-Landes ein Bein und mußte

Abb. 45. Überwinterungshütte der *„Stella Polare"*-Expedition in der Teplitz-Bucht auf Franz Joseph-Land (aus: LUDWIG AMADEUS VON SAVOYEN, „Die I. italienische Nordpolexpedition", Leipzig 1903).

zurückkehren. Nur die Schlittenfahrten seines Meteorologen E. B. BALD-WIN führten zur Entdeckung der großen östlichen Graham Bell-Insel. Die darauffolgende italienische *„Stella-Polare"*-Expedition (1899—1900) des HERZOGS DER ABRUZZEN gehört mit zu den erfolgreichen polaren Unter-nehmen. Unter Leitung des Kapitäns C. EVENSEN segelt das Schiff bis an die Teplitz-Bai (Abb. 45) an der Ostküste des Kronprinz-Rudolph-Landes, wo das Winterlager aufgeschlagen wird. Die amerikanische E. BALDWIN-Expedition (1901—1902) wollte einen weiteren Versuch unternehmen, den Pol zu erreichen. Trotz guter Ausrüstung (es standen ihr 420 Hunde und 15 Ponies zur Verfügung) hatte die Expedition wenig Erfolg, hauptsächlich infolge von Zwistigkeiten, die zwischen den Amerikanern und Norwegern, aus denen sie bestand, ausbrachen. Dies hat aber den amerikanischen Mäzen W. ZIEGLER nicht gehindert, eine weitere Nordpolexpedition unter A. FIALA (1903—1905), die diesmal ausschließlich aus Amerikanern bestand, nach Franz Joseph-Land zu entsenden. Die Expedition errichtete das Winter-

lager in der Teplitz-Bai auf Kronprinz-Rudolph-Land. FIALA brach dreimal
zum Nordpol auf, aber seine Vorstöße gingen nicht über den 82° n. Br.
hinaus. Diese Expedition hat doch eine Reihe wichtiger wissenschaftlicher
Ergebnisse und eine gute Karte des Archipels geliefert. Ferner muß hier
die russische Expedition zum Nordpol unter G. SEDOW (1912—1914) erwähnt werden, die sich als die mißlungenste von allen vorangehenden erwies.
An sich ein tüchtiger Seemann, aber großer Enthusiast, war SEDOW vor allem
wenig über die Erfahrungen seiner Vorgänger unterrichtet; er war auch
nicht in der Lage, seine Expedition einigermaßen befriedigend auszurüsten.
Zu alledem waren auch die Eisverhältnisse zu der Zeit so ungünstig, daß
er erst nach einer Überwinterung an der Nowaja Semlja Franz Joseph-Land
erreichen und in der Tichaja-Bucht sein Winterlager aufschlagen konnte.
Die Expedition hatte schwer an Heizmaterial- und Proviantmangel zu leiden,
und unter den Mitgliedern brach Skorbut aus. Obwohl SEDOW selbst noch
sehr schwach war, entschloß er sich doch, mit zwei Matrosen und nur 24 Hunden zum Pol aufzubrechen ... Nach 18 tägigem, sehr schwerem Marsch ver-
schied SEDOW am Kronprinz-Rudolph-Lande infolge Erkältung und Erschöpfung. Um die Rückreise zu bewältigen, mußte der größte Teil des
Mastwerkes und der inneren Einrichtung des Schiffes „*St. Phoca*" verbrannt
werden. Zum Schluß muß hier noch eine russische Expedition erwähnt
werden, die noch tragischer verlaufen war, nämlich die von G. BRUSSILOW
(1912—1914). Ihr Ziel war, die Küstengewässer Nordsibiriens für die Jagd auf
Meeressäugetiere zu erschließen. BRUSSILOWs Schiff „*St. Anna*" wurde in
der Kara-See vom Eise umklammert und nach 532 tägiger Drift ins Polarbecken bis zum 83° 18′ n. Br. und 60° östl. L., d. h. nördlich von Franz
Joseph-Land verschleppt. Während dieser unfreiwilligen Fahrt litt die
24 köpfige Besatzung stark an Skorbut. Um einer dritten Überwinterung
auszuweichen, unternahm im April 1914 der Steuermann V. ALBANOW mit
11 Gefährten einen Marsch über das Eis zum Kap Flora an der Northbrook-
Insel des Franz Joseph-Landes. Nach einem sehr strapaziösen Übergang
gelang es nur ihm und einem Matrosen das Kap Flora zu erreichen. Die
übrigen kamen unterwegs einer nach dem anderen ums Leben. Die SEDOW-
Expedition begegnete den beiden Überlebenden am Kap Flora und brachte
sie in die Heimat. Die „*St. Anna*" mit den 12 Zurückgebliebenen ist spurlos
verschwunden.

Mit dem Jahre 1929 bricht eine neue Ära in der Ge-
schichte des Franz Joseph-Landes an. Das Land erhält ein
physikalisches Observatorium mit ansässiger Bevölkerung. Ein
weiteres Ereignis ist der 1931 stattgefundene Besuch der
Tichaja-Bucht seitens der „*Graf Zeppelin*"-Expedition der
Internationalen Gesellschaft „*Aeroarctic*" (s. Abb. 46 u. S. 143).
Das Luftschiff führte zum Austausch der Post eine kurze
Wasserung über der Bucht aus. Ferner fanden von Franz
Joseph-Land aus auch zahlreiche Flüge in die Innerarktis
statt. Vor allem muß hier der Start der SCHMIDT-PAPANIN-
Pol-Expedition (1937/38) erwähnt werden (s. S. 144 f.).
Diese Übersicht über die Erschließung des arktisch-euro-

päischen Gebietes wäre nicht vollkommen, wenn wir den Verlauf der *Meeresforschungen* nicht erwähnen würden.

Ozeanographische Forschungen. Zur Bestimmung von Tiefen, Stromrichtungen, Temperatur und Salzgehalt des Wassers, Vorkommen von Fischen, anderen Tierarten und Planktons sowie auch zur Untersuchung der meteorologischen Verhältnisse in verschiedenen Schichten sind sowohl spezielle Expeditionen mit Schiffen ausgesandt als auch Fahrten der Handels- und Fischerflotte benutzt worden.

Abb. 46. Wasserung des Luftschiffs „*Graf Zeppelin*" in der Tichaja-Bucht auf Franz Joseph-Land (aus: W. WIESE, „Die Meere der USSR.", Moskau 1936).

In der Barents-See haben mit solchen Forschungen die russische Expedition unter A. v. MIDDENDORFF (1870) und die norwegische „*Vöringen*"-Expedition (1878) begonnen. Ferner haben hier gearbeitet: die Murman-Expedition mit dem Dampfer „*Andrej Pezwoswannyj*" unter L. BREITFUSS und N. KNIPOWITSCH (1898—1908), zeitweise auch die norwegischen Expeditionen unter J. HJORT, R. AMUNDSEN (1901), F. NANSEN (1912), sowie die deutsche „*Poseidon*"-Expedition unter W. MIELCK (1913) und B. SCHULZ (1927) u. a. Nach dem Weltkriege sind hier sehr zahlreiche russische Forschungsreisen seitens des Arktischen Instituts, Hydrographischen Amtes und Moskauer Instituts für Meeresforschung unternommen worden.

Im *Europäischen Nordmeer* (Norwegisches und Grönländisches Meer) haben Beobachtungen angestellt in erster Linie: die norwegischen Expeditionen mit „*Vöringen*" (1876/77), „*Gjöa*" (1901) und „*Michael Sars*" (mehrmalig); die dänischen mit „*Fylla*" (1884, 1886, 1889), „*Ingolf*" (1895 bis 1896), „*Danmark*" (1906/07); die französischen mit „*Belgica*" (1905) unter HERZOG VON ORLÉANS und „*Pourquoi Pas?*" unter J. B. CHARCOT (1925 bis 1936[1])), ferner die zahlreichen russischen ozeanographischen und biologischen Expeditionen in die europäischen und sibirischen Gewässer unter Leitung von W. WIESE, R. SAMOILOWITSCH, N. SUBOW, K. DERJUGIN, N. ROSE, J. MESSJATZEW, A. ROSSOLIMO u. a., nicht zuletzt die Expeditionen mit „*Sadko*" (1935), in das Grönländische Meer und die Polstation von PAPANIN auf der Eisscholle während ihrer Drift längs der Ostküste Grönlands (1938).

Zur Untersuchung der Eisbergegefahr in dem Nordatlantik im Bereiche des Labrador-Meeres und der angrenzenden Gewässer sind nach der „*Titanic*"-

Abb. 47. Ausführung von parasitologischen Untersuchungen an Walrossen in der Kara-See (Aufnahme der Murman-Expedition).

Katastrophe (1912) amerikanische Expeditionen mit „*Scotia*" (1913), „*Marion*" (1928) und „*General Green*" (1931—1936) u. a. ausgesandt worden. Es stellte sich heraus, daß die Westküste Grönlands die meisten Eisberge liefert, von wo Tausende von ihnen durch den Labradorstrom in den Nordatlantik verfrachtet werden. Endlich haben sehr viel zur Kenntnis des Nordatlantik und seiner Ausbuchtungen die letzten deutschen „Meteor"-Expeditionen beigetragen, nämlich: die *Atlantische* (1925 bis 1927) und die *Nordatlantische* (1937, 1938) unter A. MERZ, F. SPIESS, A. DEFANT und G. WÜST.

B. Polarsibirien.

Bis in die Mitte des 12. Jahrhunderts zurück datieren die Reisen der *Nowgoroder* in das „*Land der Jugra und Samo-*

______
[1]) S. Fußnote 1 S. 89.

jeden", d.h. in das Gebiet des unteren Ob-Flusses. Um über den Ural zu kommen, werden die Zuflüsse der Petschora und Kama benutzt. Dort wird Tribut von den am unteren Ob-Strom lebenden Samojeden und Ostjaken erhoben. Die offizielle Eroberung Sibiriens durch den Kosakenataman JERMAK TIMOFEJEWITSCH fand erst im Jahre 1582 statt. Zu dieser Zeit beherrschen die Russen schon vollkommen den Seeweg in die Ob-Mündung und segeln mit ihren „Lodjen" und „Kotschen" bis in die Kara-See hinein, wo sie Robbenschlag betreiben. Es ist seltsam, daß die treibende Kraft zu diesem Drang nach Osten vorwiegend nicht etwa ein politischer Plan oder Verlangen nach Land ist, sondern das als Luxusartikel sehr geschätzte kleine Tierchen Zobel! Auch die Eroberer sind keine regulären Truppen, sondern Elemente, die sich im eigenen Lande unsicher fühlen oder in ihrem Handeln beengt sind.

Mitte des 16. Jahrhunderts ist die Familie STROGANOW, der große Ländereien und auch Salzsiedereien am Ural gehören, bestrebt, ihre Besitztümer über den Ural auszuweiten. Sie rüstet unter dem Befehl von JERMAK TIMOFEJEWITSCH eine Schar von Kosaken und sonstigen Abenteurern auf einen Feldzug gegen den nogaischen KHAN KUTSCHUM aus. Der Feldzug verläuft erfolgreich. *Iskjer*, die Hauptstadt des Khanats, wird erobert, das Nogaische Reich zertrümmert, die Eingeborenen unterjocht und mit Tribut an Zobelfellen belegt.

Jetzt nimmt sich auch die Moskauer Regierung der Sache an und erstreckt über Sibirien ihre Hoheitsrechte. Es kommen neue Scharen von Kosaken und Abenteurern hinzu, die auch gelegentlich gewisse militärische Unterstützung erhalten. Somit geht die Eroberung Sibiriens Hand in Hand mit der Unterjochung und Ausbeutung der Eingeborenen, wenn auch einige, wie z. B. die Jakuten und Kamtschadalen, sich heftig zur Wehr setzen. Diese Bewegung geht in schneller Folge vor sich, und so wird 1601 die Tas-Bucht am Ob-Fluß erreicht und hier die Stadt *Mangaseja* gegründet. Es dauert nicht lange, so kommen die Russen bis zum Jenissej und zur Lena, und am Mittellauf der Lena wird die Stadt *Jakutsk* erbaut. An allen wichtigsten Orten legt man sog. „*Ostrogs*", d. h. be-

festigte Siedlungen, an, setzt in den Städten Woiwoden ein
und erhebt den „*Jassak*", d. h. Tribut in Zobel- und anderen
wertvollen Tierfellen.

Auf weiteren Hauptetappen erreicht der Ataman MOSKOWITINOW (1639
bis 1642) das Gestade des Ochotskischen Meeres und baut hier eine Be-
festigung, das spätere *Ochotsk.* Ataman POJARKOW gelangt auf seinem Zuge
(1643—1646) zum Amurstrom an die Stelle, wo heute die Stadt Blago-
westschtensk liegt. Kleinere Trupps von Kosaken erreichen die Mündungen
der Flüsse Lena, Jana, Indigirka, Alaseja und Kolyma und erkunden auf
ihren „Kotschen" auch die Polarküsten zwischen diesen Flüssen. Sie bringen
auch die ersten Nachrichten über die Neusibirischen Inseln. M. STADUCHIN
bereist 1647 die Küsten des Ochotskischen Meeres und 1648 fahren SEMJEN
DESHNEW und FEDOT ALEXEJEW aus der Mündung der Kolyma um das
Ostkap Asiens herum bis in die Anadyr-Bucht hinein. Da DESHNEW im
Nebel die Küste von Amerika nicht sieht, so kann er auch nicht das Vorhandensein eines Sundes, die heutige Bering-Straße, feststellen, aber praktisch hat er mit dieser Fahrt die Existenz dieses Sundes und damit die
Trennung Asiens von Amerika bewiesen. Sein Bericht bleibt aber fast
100 Jahre der Kulturwelt verborgen; er lagert im Archiv von Jakutsk, bis
ihn der Historiker G. F. MÜLLER aus dem Staub herausholt. Den Abschluß
der ganzen Eroberung bildet der Feldzug ATLASSOWS in das äußerste sibirische Gebiet — Kamtschatka — (1697—1699), welches nach hartem Kampf
mit den Eingeborenen erobert wird. Somit ist nach 117 Jahren das ganze
Sibirien praktisch unter das Zepter des Zaren gebracht.

Um diese Zeit regiert in Rußland PETER DER GROSSE, und
unter seiner Leitung beginnt eine planmäßige Erforschung
Sibiriens. Die Anregung dazu gibt nicht zuletzt auch der
große deutsche Philosoph LEIBNIZ. Er hat sich mehrmals an
den Zaren mit dem Vorschlag gewandt, kundige Leute an das
nordöstliche Gestade Sibiriens zu entsenden, um die viel um-
strittene Frage des geographischen Zusammenhanges zwischen
Amerika und Asien zu lösen. Es gab nämlich Landkarten,
auf denen Asien und Amerika zusammenhängend gezeichnet
waren, und dann aber andere, wie z. B. von RUYSCH (1508),
MÜNSTER (1540), GASTALDI (1562) u. a., die beide Konti-
nente durch einen schmalen Sund, das *Fretum anianum*,
trennten. Ohne Zweifel kannten die Eingeborenen sowohl die
Bering-Straße als auch die Alaskaküste, und von ihnen stammten die dunklen Gerüchte unter den Russen von einem „*Großen Lande*" im Osten.

Aber schon aus eigenem politischen und wirtschaftlichen
Interesse ist es für den Zaren von größter Bedeutung zu erfahren, wie weit sein Reich sich nach Osten erstreckt und ob

dieser fragliche Sund in der Tat der ersehnte Weg nach China ist. Zur Lösung dieser geographischen Fragen entsendet PETER eine Expedition zu Schiff unter VITUS BERING, eines in russischen Diensten stehenden dänischen Offiziers, in das heutige Bering-Meer.

Kommandor BERING reist 1725 mit Kapitän TSCHIRIKOW u. a., Mannschaften und Handwerkern von Petersburg über ganz Sibirien bis Ochotsk. Von hier erreicht er in Kotschen Bolcherezk an der Westküste Kamtschatkas und durchquert die Halbinsel bis Nishne-Kamtschatsk. Hier baut er das Schiff „*Gabriel*“. Nun segelt er von hier aus längs der Ostküste von Sibirien in nördlicher Richtung bis 67° 17′ n. Br. und stellt fest, daß die Küste eine westliche Richtung annimmt (s. Taf. II). Jedenfalls weist BERING durch diese Reise auf das Vorhandensein eines die Alte und die Neue Welt trennenden Gewässers hin. BERING gibt auch eine Karte heraus, auf der aber das amerikanische Festland fehlt.

Eine hervorragende Tat, die bis heute nicht genug gewürdigt geblieben ist, vollbringen 1730 der Geodät GWOSDEW und der Steuermann FEDOROW. Sie segeln mit dem Schiff „*Gabriel*“ von Kamtschatka aus in der Richtung des Ostkaps von Sibirien und stoßen dabei auf die Küste von Alaska. Somit sind diese beiden fast unbekannt gebliebenen Männer die *eigentlichen Entdecker der Nordwestküste Amerikas* und der *Bering-Straße*.

Das zuerst von den Russen erblickte Kap heißt auf den ersten russischen Karten *Kap Gwosdew*, später aber wird es durch JAMES COOK *Kap Prinz von Wales* genannt. Der Name ist ihm bis heute geblieben. Es finden russischerseits mehrere Reisen in die Gewässer des heutigen Bering-Meeres statt, die wesentlich zur Verbesserung der Kartographie dieses Gebietes beitragen.

Auch nach dem Tode des Zaren werden die von ihm angefangenen Forschungen in Ostsibirien fortgesetzt, und 1734 wird ein noch großartigeres Unternehmen unter BERINGs Leitung, die sog. „*Große Nordische Expedition*“, ins Leben gerufen. Diese Expedition (1734–1743) hat die Aufgabe, die zusammenhängende Aufnahme der russischen Küsten von Archangelsk bis zur japanischen Grenze sowie die Erforschung Sibiriens in naturhistorischer und geschichtlicher Hinsicht auszuführen, vor allem aber nach der Westküste Amerikas zu forschen.

Neben einer großen Anzahl von Seeoffizieren und Mannschaften beteiligten sich an der Expedition noch namhafte Gelehrte, darunter G. F. MÜLLER, J. G. GMELIN, G. W. STELLER u. a. Die Arbeiten der Expedition gehen gleichzeitig von fünf Stellen aus mit eigens dafür an Ort und Stelle gebauten Fahrzeugen, und zwar: 1. Von Archangelsk segeln ostwärts zum Ob S. Mu-RAWJEW und M. PAWLOW, die später durch S. MALYGIN und A. SKURATOW ersetzt werden. 2. Aus der Mündung des Ob von Tobolsk aus ostwärts zum Jenissei geht D. OWZIN. Er wird später durch F. MININ und STERLEGOW ersetzt. 3. Aus der Mündung des Jenissei (von Turuchansk aus) ostwärts stoßen ebenfalls F. MININ und D. STERLEGOW teils mit Hundeschlitten, teils mit Boot bis zum 95° östl. L. vor. Die Küsten der Taimyr-Halbinsel werden von CH. LAPTEW und S. TSCHELJUSKIN mit Hundeschlitten umfahren. Dabei fällt dem letzteren die Ehre zu, am 1. August 1742 die nördlichste Spitze Asiens, das historische *Promontorium Tabin* (heute *Kap Tscheljuskin*) auf der Karte einzutragen. 4. Aus der Mündung der Lena von Jakutsk aus in westlicher Richtung führt die Arbeiten erst W. PRONTSCHISCHTSCHEW und später CHARITON LAPTEW mit „*Jakutsk*" und ostwärts LASINIUS und nach seinem Tode DMITRIJ LAPTEW mit „*Irkutsk*". PRONTSCHISCHTSCHEW gelang es (1736), mit seinem Fahrzeug längs der Ostküste der Taimyr-Halbinsel bis etwa $77^1/_2$° N vorzustoßen. Er und seine sich an den Reisen beteiligende Frau, wie auch LASINIUS und viele ihrer Mannschaften, sind vom Skorbut weggerafft worden. D. LAPTEW kartiert die Küste bis zum Kap Großer Baranow (etwa 164° ö. L.). Diese selbständigen Abteilungen der Bering-Expedition haben zum erstenmal die Küsten Rußlands von Archangelsk bis zur Mündung von Kolyma auf die Karte gebracht. 5. Von Petropawlowsk bzw. Ochotsk werden Reisen zur Erforschung der Küsten Nordostasiens bis Japan, sowie in erster Linie die Fahrt (1741) BERINGs und TSCHIRIKOWS auf „*St. Peter*" und „*St. Paul*" in nordöstlicher Richtung zwecks Suchens nach der Küste von Amerika vorgenommen. Letztere wurde durch die Entdeckung der Küste von Alaska im Bereich des St. Ilias-Berges gekrönt. Auf der Rückreise werden einzelne Inseln der Aleutengruppe zum erstenmal gesichtet. TSCHIRIKOW kehrte noch im selben Jahre (1741) nach Petropawlowsk zurück. BERINGS Schiff, mit dem Naturforscher STELLER an Bord, erleidet Schiffbruch an der heutigen Bering-Insel, wo BERING und ein Teil der Mannschaft von Skorbut hinweggerafft werden. Im nächsten Jahre gelangt der Rest der Expedition mit einem aus dem Wrack des Schiffes erbauten Fahrzeug nach Petropawlowsk. BERINGs Offiziere SPANGBERG, WALTON und SCHELTING besuchen und kartieren die Küsten des Ochotskischen Meeres, Sachalininsel, Kamtschatka, Kurilen und die nördlichen Inseln Japans.

Aber alle diese Arbeiten werden durch JAMES COOK gekrönt, der als erster Nichtrusse im Jahre 1778 in diesen Gewässern erscheint und auf Grund seiner genauen astronomischen Bestimmungen die Küsten Alaskas und der Tschuktschen-Halbinsel auf der Karte festlegt.

Die Teilnehmer der Bering-Expedition aber kehren nach unsagbaren Strapazen und Entbehrungen nach Petersburg zurück und finden bei ihren Zeitgenossen wenig Verständnis für die Bedeutung ihrer Entdeckungen. Man glaubt ihnen wenig, man verlacht TSCHELJUSKIN und denkt am allerwenigsten an die Veröffentlichung ihrer Berichte über die Ergebnisse.

Wie der Bericht Deshnews über seine große Tat, so bleiben auch die
Logbücher der Bering-Offiziere in sibirischen Archiven liegen, wo sie später
verbrennen. Erst 1851, nachdem A. v. Middendorff von seiner sibirischen
Reise zurückkehrte und auf die Bedeutung der Arbeit der Bering-Offiziere
hinwies, wurde von A. Sokolow nach Kopien der Journale ein zusammen-
hängender Bericht veröffentlicht. Die Schiffsjournale mit der Routenkarte
erscheinen aber erst 1922 durch A. F. Golder in New York. Der Name
Bering-Straße tritt zum erstenmal 1762 auf der deutschen Karte des Grafen
v. Roedern auf. Um die Namen von Deshnew und Tscheljuskin an
den von ihnen zuerst erreichten Kaps zu verewigen, war ein Nordenskjöld
nötig. Ein vollständiger Bericht über die Bering-Expedition fehlt aber bis
zum heutigen Tage!

Das Hauptergebnis dieses großen Unternehmens war die
einwandfreie Feststellung, daß die Nord- und Ostküste Sibiriens vom Meere begrenzt sind und daß die Möglichkeit besteht, um diese Küsten herum aus dem Atlantik in den Pazifik
zu gelangen. Die Küstenkonturen sind damals so weit richtig
kartiert worden, daß nach 135 Jahren A. E. Nordenskjöld
auf der „*Vega*"-*Fahrt* im wesentlichen kaum Änderungen
vorzunehmen brauchte, denn die nach Bering vorgenommenen kartographischen Arbeiten von Sarytschew und von
Billings (1786–1792), von Anjou und v. Wrangel (1820
bis 1824), von Maydell (1867/68) u. a. befaßten sich in der
Hauptsache mit den Neu-Sibirischen Inseln und einigen Kü-
stenstreifen. Aber neben einer rein geographischen haben die
Bering-Expeditionen auch eine praktische Bedeutung. Sie
stellten an allen Küsten bedeutenden *Reichtum an nützlichen
Meeressäugern* fest und gaben starke Anregung zu ihrer Ausbeutung. Diese Feststellungen gaben den Anstoß, Fangschiffe
nach Kamtschatka, den Aleuten und nach Alaska zu senden.

Es entstehen russische Siedlungen auf Alaska: 1784 auf der *Kadjak*-Insel
und 1796 in *Jakutat* und bald darauf die *Russisch-Amerikanische Handelsgesellschaft* mit dem Sitz in *Sitka*. Die Gesellschaft wird von Reichskommis-
saren verwaltet und verfolgt u. a. auch politische Interessen. Das Territorium der Gesellschaft erstreckt sich gegen Süden bis zur Bucht von San
Franzisko (51° n. Br.) und im Osten wird es nach der Konvention mit
England von 1825 zwischen Russisch-Alaska und Kanada durch 141° w. L.
begrenzt. Diese Grenze besteht noch heute zwischen USA. und Kanada.
Für die Versorgung und Schutz der Gesellschaft werden Kriegsschiffe aus
Petersburg geschickt. Es kommen auf diese Weise die ersten russischen
Weltumsegelungen zustande: v. Krusenstern (1803—1806), v. Kotzebue
(1815—1818) u. a., an denen eine Reihe Gelehrter, unter ihnen auch der
deutsche Dichter und Naturforscher Chamisso, teilnahmen. Die Ausgaben für
diese Unternehmen decken sich aber bei weitem nicht durch die Einnahmen, und
1867 wird Alaska an die Vereinigten Staaten für 7 200 000 Dollar abgetreten.

Nach den grundlegenden Arbeiten von Bering und Cook bleiben an der Karte von Sibiriens Küsten nur noch Einzelheiten aufzuklären, und dieses wird erst durch hydrographische und andere Reisen bewerkstelligt.

Hierunter fallen die Reisen von Leontjew (1770) nach den Bären-Inseln, von M. F. Hedenström (1808—10), J. Sannikow (1800—11), von Wrangel und Anjou (1820—1824) nach den Neusibirischen Inseln und längs den Küsten Nordsibiriens, die Reisen des englischen Kapitäns H. Kellett (1849): er entdeckt die *Herald-Insel* und sichtet von ihr die heutige Wrangel-Insel, der er den Namen *Plover-Insel* gibt. Ferner die Reise des amerikanischen Walfängers T. Long (1867), der die Südküste dieser Insel in die Karte einzeichnet und der Insel den Namen *Wrangel-Insel* gibt. Im Jahre 1880 stellt Kapitän Ed. Dallmann Ansprüche auf die Entdeckung dieser Insel aus dem Jahre 1866. Diese Behauptung wird aber u. a. auch von dem bekannten Kenner der Polarforschung A. Petermann in Frage gestellt. Zum erstenmal wird diese Insel 1881 durch Kapitän C. Hooper betreten. Er hißt dort die amerikanische Flagge und nennt die Insel *New Columbia*, aber dieser Name hat sich nicht eingebürgert.

Weitere bedeutende Forschungen in den nordsibirischen Gewässern lieferten die Expeditionen (s. S. 150, 134 u. 135) unter A. E. Nordenskjöld auf „*Vega*" (1878/79), unter Nansen auf „*Fram*" (1893–1896) und unter E. von Toll auf „*Sarja*" (1900–1903), aber infolge diesigen Wetters war es ihnen allen, wie es 1742 auch mit Tscheljuskin der Fall war, nicht vergönnt, vom nördlichsten Kap Eurasiens aus irgendwelche Anzeichen des nur 60 km nordwärts davon liegenden Gebirgslandes wahrzunehmen. Die Entdeckung dieses Eilandes hätte noch eine Zeitlang auf sich warten lassen, wenn nicht der 1904 ausgebrochene Russisch-Japanische Krieg Veranlassung dazu gegeben hätte. Man schickt nämlich große Geschwader nach Port Arthur. In der Presse wird die Frage des Weges diskutiert: Kann man nicht die Kriegsschiffe statt um die Südspitze Afrikas besser an der Nordküste Sibiriens und durch die Bering-Straße senden?

Der Verfasser dieser Zeilen hatte damals Gelegenheit, in Petersburg vor einem Gremium von Fachleuten einen Vortrag zu halten, der in der Folgezeit noch an Bedeutung gewinnen sollte. Ich konnte damals zeigen, daß die in Frage kommende Trasse sich fast im Urzustande befindet, und daß seit Erschaffung der Welt nur ein Fahrzeug, „*Vega*", von 4 m Tiefgang dieses Gewässer durchsegelte, wobei es feststellte, daß die Durchfahrt sehr seicht ist und die Navigation daher sehr erschwert. Ein Geschwader von Schlachtschiffen mit großem Tiefgang durch die Trasse zu führen, könnte ohne vorherige gründliche Untersuchung des Fahrwassers zu einer Katastrophe führen.

Der Vortrag enthielt auch einen Plan, etwa 16 Beobachtungsstationen zu errichten und gleichzeitig an 4 Abschnitten Eisbrecher zur Küstenaufnahme und Vermessung des Fahrwassers einzusetzen. Dieser Plan fand Beifall und wurde 1910 verwirklicht.

Im Jahre 1910 wird die sog. *„Hydrographische Expedition des Nördlichen Eismeers"* ins Leben gerufen, die mit zwei Eisbrechern, *„Taimyr"* und *„Waigatsch"*, bis 1913 unter Leitung des Kapitäns J. SERGEJEW und ab 1913 unter Kapitän B. WILKITZKI im Bering-Meer sowie in der Tschuktschen-, Ostsibirischen und in der Nordenskjöld-See Vermessungsarbeiten ausführt. Die Schiffe sind in Wladiwostok stationiert. In den Jahren 1913 und 1914 soll die Trasse von Wladiwostok aus nach Archangelsk durchfahren werden, aber beide Male gelingt es nicht, die Eissperre beim Kap Tscheljuskin zu forcieren. Im ersten Jahre wird beim Versuch, das Kap in nördlicher Richtung zu umfahren, ganz unerwartet eine große Entdeckung gemacht — ein hohes Eiland, das *Kaiser-Nikolaus-II.-Land*, das spätere *Sewernaja Semlja*, gesichtet und seine Ostküste bis etwa 82° n. Br. kartiert. Danach kehrt WILKITZKI nach Wladiwostok zurück.

Im nächsten Jahre gelingt es wieder nicht, die feste Eisdecke im Sunde zwischen Kap Tscheljuskin und dem neuentdeckten Lande zu durchbrechen. Beide Schiffe geraten dabei in Eisgefangenschaft und Drift. Sie müssen im Sunde überwintern und werden durch Eispressungen schwer beschädigt. Im nächsten Frühjahr sind die Eisverhältnisse besser und die Schiffe steuern nach Archangelsk. Mit dieser Fahrt ist die Nordostpassage das erste Mal in der Richtung von Osten nach Westen bezwungen worden. Die Expedition hat während der beiden Fahrten zwei kleine Inseln — *Shochow* und *General Wilkitzki* — nördlich vom neusibirischen Archipel und eine an der Südostküste vor Sewernaja Semlja entdeckt. Mit der Entdeckung dieses großen Eilandes 60—80 km vom Kap Tscheljuskin, wurde gleichzeitig auch ein neuer Sund, die *Wilkitzki-Straße*, festgestellt.

Nun blieb noch übrig, die Westküste von dem Neuland festzustellen, und diese Aufgabe wurde erst 1930 durch die *„Sedow-Expedition"* unter Leitung von O. J. SCHMIDT gelöst, wobei auch eine Reihe von ihr vorgelagerten Inseln entdeckt wurde, u. a. die *Kamenew-Gruppe*. Auf einer der hierzu gehörigen Inseln (*Domaschnij-Insel*) werden eine Funkstation und vier Mann, darunter der Geologe N. URWANTZEW und der Geograph G. USCHAKOW, ausgesetzt. Diese beiden Forscher führen 1931 und 1932 auf mehreren Schlittenreisen eine gründliche topographische und geologische Aufnahme der

118

Sewernaja Semlja aus. Auf derselben Fahrt der „*Sedow*" wird auch die zwischen Franz Joseph-Land und Sewernaja Semlja einsam gelegene *Wiese-Insel* entdeckt.

Kehren wir wieder zur *Wrangel-Insel* zurück, die seit Kapitän HOOPER (1881) von keiner Expedition mehr betreten worden ist. Jetzt lenkt sie durch einige Abenteurer die Aufmerksamkeit auf sich. Es retteten sich nämlich 1913 auf diese Insel 17 Menschen von dem im Eise zerdrückten „*Karluk*" der STEFANSSON-Expedition (s. S. 131). Nachdem Kapitän R. BARTLETT einen bewunderungswürdigen Marsch über den Long-Sund gemacht hatte, um Hilfe zu rufen, wurden die Schiffbrüchigen von amerikanischen Schiffen abgeholt.

Die Berichte der Schiffbrüchigen über den Reichtum an Trantieren bewegten V. STEFANSSON dazu, im Jahre 1921 drei Kanadier und eine Eskimofrau ADA BLACKJACK unter Leitung von A. CRAWFORD dorthin zwecks späterer Annektierung der Insel auszusetzen. Im nächsten Jahre konnte die Entsatz-Expedition wegen schwerer Eisverhältnisse die Insel nicht anlaufen. Inzwischen sind CRAWFORD und zwei Mann auf dem Marsch nach dem Kontinent und der vierte Mann auf der Insel durch Skorbut ums Leben gekommen, so daß im Sommer 1923 bei Ankunft des Motorschiffes „*Donaldson*", das wieder 15 neue Kolonisten mitbrachte, nur noch die Eskimofrau am Leben war. Es kam zu einer diplomatischen Auseinandersetzung zwischen der russischen und großbritannischen Regierung, und 1924 wurden durch einen russischen Eisbrecher alle Kolonisten abgeholt und in die Heimat gebracht. Auf der Insel aber wurde die russische Flagge gehißt. Die Insel erhielt 1926 eine Kolonie von über 60 Menschen (6 Russen, die übrigen Eskimos und Tschuktschenfamilien) und drei Jahre später auch eine Funkstation. Die Kolonie, deren Stamm polarerfahrene Eingeborene bilden, gedeiht und liefert nicht unbedeutende Mengen Tran, Robben-, Polarfuchs- und Bärenfelle.

Nach der Machtergreifung der Sowjetregierung wird den Polargebieten und ihren Eingeborenen viel Aufmerksamkeit geschenkt. Bereits 1919 entwirft LENIN einen grandiosen Plan: die unermeßlichen und fast menschenleeren Tundra-, Wald- und Sumpfgebiete Nordsibiriens durch Kultivierung und Ausbau der sibirischen Seeroute, der Flußschiffahrt und der Verbindungsbahnen nutzbar zu machen und an die Kulturwelt anzuschließen.

Die Idee der Erforschung und Nutzbarmachung des Nordens, wenn auch nicht in einem solchen Ausmaße, war nicht neu und hatte schon seit langem in Rußland unter Gelehrten und Staatsmännern viele Anhänger. Es ist auch kein Wunder: die Hauptfassade des Reiches ist gegen Norden gerichtet, die größten Flüsse Eurasiens laufen in das vom Golfstrom begünstigte Polarmeer und erlauben auf diesen Wegen den Export und Import. Daher

ist erklärlich, daß die Anregung LENINS besonders unter den russischen
Forschern starken Anklang findet und nach der ozeanographischen und
biologischen Seite hin erheblich übertrieben wird. Erklärlich, daß auch die
Eingeborenen, von denen viele noch fast auf der Steinalterstufe stehen und
Analphabeten sind, Schrifttum und politische Rechte erhielten. Ferner, daß
der größte Teil des bunt bevölkerten Ostsibiriens zur Jakutischen Sozia-
listischen Räte-Republik erhoben wurde!

Zur Förderung der Erforschung und Erschließung des
Nordens ruft man 1920 in Leningrad das *Arktische Institut*
ins Leben. Zum Ausbau der Nordsibirischen Seetrasse und zur
Kultivierung des ganzen Nordens gründet man 1933 mit
einem riesigen Etat die *Hauptverwaltung dieser Trasse*. Zu
ihrem Bereich gehört der ganze *Polar-Sektor* zwischen den
Landesgrenzen nördlich 62° n. Br. Es fällt somit in ihr Bereich zwischen Kola-Halbinsel und Bering-Straße ein *Areal
von rund 9 Mill. qkm,* also weit über ein Drittel der Sowjet-
Union. Dagegen zählt seine Bevölkerung, zu der 26 Völkerschaften gehören, nur 410 000 Menschen, worunter die Russen die große Minorität bilden.

Es kommen hier somit nur 0,05 Einwohner auf 1 qkm, was natürlich zu
einer Ausnutzung des Landes selbst unter Zuhilfenahme der Fronarbeit aus
Konzentrationslagern bei weitem zu wenig ist. Aber trotz aller Schwierigkeiten werden an mehreren Siedlungszentren der Eingeborenen unter Leitung
der russischen Funktionäre sog. *„Kultbasen"*, d. h. Handelsfaktoreien, be-
gründet, an die sich auch Schulen und Krankenhäuser anschließen. Auch
Umlagehäfen werden gebaut: *Igarka* am Jenissei, *Tiksi* an der Lenamündung
(Abb. 12), *Peweke* an der Tschaun-Bucht und *Ambartschik* an der Kolyma-
mündung. Weniger erfolgreich steht es aber mit der Flußschiffahrt, wo sich
noch großer Mangel an Bugsierern und Leichtern bemerkbar macht, ebenfalls Mangel an Stromkarten usw.

Erfolgreich wurden russischerseits die nordsibirischen Meere
sowie das Ochotskische und das Bering-Meer in ozeanographischer Hinsicht untersucht, sowie ihre Küsten kartiert und mit
Radiowetterstationen ausgerüstet.

Die sehr zahlreichen Expeditionen, die sowohl in europäischen als auch
in den sibirischen Gewässern gearbeitet haben, wurden schon oben genannt
(s. S. 110). Hier wollen wir nur hinweisen auf die *„Sedow"-Expedition*
(1930), die u. a. die Grundlage zur Kenntnis der Westsibirischen See lieferte, und auf die *„Sadko"-Expedition* von 1935 unter G. USCHAKOW und
N. SUBOW ins Bereich der Sewernaja Semlja, die eine Rekordbreite auf
82° 41′ n. Br. (unter 87° 4′ östl. L.) für freifahrende Schiffe erreicht und hier
eine Tiefe von 2365 m lotet. Ferner sind folgende Expeditionen von großer Bedeutung: 1932 ins Ochotskische und Bering-Meer unter Leitung von K. DER-
JUGIN und P. SCHMIDT und 1932, 1933 und 1935 ins Bering-Meer und in
die Tschuktschen-See unter Leitung von G. RATMANOW und P. USCHAKOW.

Ihre ozeanographischen und biologischen Forschungen haben zusammen mit der amerikanischen „*Chelan*“-*Expedition* (1934) sehr wichtige Aufschlüsse über den Wasseraustausch zwischen dem Nord-Pazifik und Polarmeer erbracht.

Zum Schluß müssen noch die wichtigsten Landexpeditionen erwähnt werden, von denen alle unsere Kenntnisse über das sibirische Gebiet stammen und an denen sich vorwiegend Geologen beteiligten. Sie setzten E. Suess in die Lage, sein klassisches Werk „*Antlitz der Erde*“, und W. Obrutschew unter Zuhilfenahme einiger späterer Forschungen seine aufschlußreiche „*Geologie von Sibirien*“ (1926) zu verfassen.

Zu diesen gehören die ergebnisreichen Forschungen von S. Krascheninnikow auf Kamtschatka (1736—1741), die Reisen der deutschen Naturforscher D. G. Messerschmidt (1720—1726) und Peter Simeon Pallas (1768 bis 1772) durch das ganze Sibirien bis an die chinesische Grenze, die denkwürdigen Reisen A. v. Middendorffs (1842—1846) durch die Taimyr-Halbinsel und das östliche Sibirien, die Reisen des Geologen Th. B. Schmidt durch verschiedene Gebiete Sibiriens (1862 und 1866), sowie die Sibirische Expedition der Kaiserl. Geograph. Gesellschaft (1859–1863) unter Th. Schmidts und P. Glehns Leitung, Reisen von G. v. Maydell vorwiegend im äußersten Nordosten (1862—1870), Reisen A. L. Tschekanowskis durch die mittleren Flußgebiete von Chatanga, Lena und Olenek (1874—1875); Forschungen auf den Neusibirischen Inseln von A. Bunge und E. v. Toll (1885–1886); Forschungen von J. Tscherski im Gebiete des Kolymastromes; Expeditionen zu Ausgrabungen von Mammutleichen, die unter O. Herz und E. Pfizenmayer zum Beresowkafluß (1901—1902) und unter K. Wollosowitsch und E. Pfizenmayer (1908—1909) an die Eismeerküste zum Sanga-Jurachfluß führten. Ferner sind sehr beachtlich die geologisch-topographischen Expeditionen J. P. Tolmatschews nach dem Chatanga- und Anabar-Gebiet (1905—1906) und an die Nordküste der Tschuktschen-Halbinsel (1909 bis 1910) und dann noch die Expeditionen B. Shitkows nach der Jamal-Halbinsel (1908—1909), die Kamtschatka-Expedition von Mezäu F. Rjabuschinski, sowie H. G. Backlunds Expedition nach dem nördlichen Ural (1909), die in den Jahren 1926—1929 von B. Gorodkow u. a. fortgesetzt wird. Es muß anerkannt werden, daß in der letzten Zeit die geologischen Forschungen noch in weit größerem Ausmaß als die ozeanographischen gefördert wurden. Von diesen wollen wir nur Forschungen im Gebiete der mittleren Läufe von Indigirka und Kolyma von S. Obrutschew, J. Tschirichin u. a. (1926—1930) erwähnen, die anschließend an die früheren Forschungen von J. Tscherski (1891—1892) eine neue große alpine *Tscherski-Gebirgskette* feststellten, ferner die aero-photogrammetrische Expedition S. Obrutschews in das Gelände der Tschuktschen-Halbinsel (1932—1933).

C. Polaramerika.

Nach Grönland ist Nordamerika das zweitälteste den Europäern bekannte Polarland. Wie wir schon gesehen haben, besegelten die normannischen Kolonisten Grönlands die Küsten

Labradors und haben bei dieser Gelegenheit auch die dortige
Bevölkerung, die Eskimos, zu Gesicht bekommen. Vielleicht
waren es auch die in dänischen Diensten stehenden deutschen
Seefahrer PINING und POTHORST, die schon um 1474 die
amerikanische Küste besucht haben. Sie sind also fast ein
Vierteljahrhundert dem JOHN CABOT zuvorgekommen, der,
wie bekannt, eine unbekannte Küste, wahrscheinlich Labrador, erreicht haben soll, als er 1497 auf der Suche eines
Weges nach Indien den westlichen Kurs einschlug. Weitere Erschließungen seiner östlichen und nördlichen Küsten verdankt
Amerika den Suchern des Seeweges nach Indien. Dagegen
werden die westlichen Küsten, nämlich Alaska, erst Mitte des
18. Jahrhunderts durch die Russen entdeckt. Die Entschleie-
rung des Inneren Kanadas vollzieht sich ähnlich wie die Sibiriens, nur werden hier die *Kosaken* durch englische *Trapper*
vertreten, die gleichfalls der wertvolle Pelztierfang anlockt;
statt moskowitischer *Woiwoden* folgen ihnen wieder *Agenten*
der 1670 in London gegründeten und mit Hoheitsrechten aus-
gestatteten *Hudsons Bay Company.*

Im einzelnen verlaufen die Reisen auf der Suche des Weges nach Indien
infolge des sehr verzweigten Charakters der stark vereisten Kanadischen
Straßen-See ohne irgendeinen Plan. Nach CABOT sind es die Brüder COR-
TEREAL (1501—1503), die bis zur Südküste Labradors und nach ihnen
JACQUES CARTIER (1535), der die Reise seiner Vorgänger fortsetzt und in
mehreren Fahrten den St. Lorenz-Strom bis zur heutigen Stadt Montreal
hinauf fährt, dabei das *Nouvelle France,* das spätere *Kanada,* in Besitz nimmt.
Die ständigen Kämpfe mit Indianern haben anfangs die französische Koloni-
sation wesentlich gehemmt. Die nächsten Seefahrer sind MARTIN FRO-
BISHER, der die heutige Hudson-Straße findet und sie für den Weg nach
China hält, ferner HENRY HUDSON, der 1609 die Mündung des nach ihm
benannten Hudsonflusses findet und ihn bis zu der Stelle hinauffährt, wo
1613 eine Niederlassung *Neu-Amsterdam* (das heutige New York) gegründet
wird. Im Jahre 1610 entdeckt HUDSON die Hudson-See und wird dort zur
Überwinterung gezwungen. Die meuternde Besatzung setzt ihn mit seinem
Sohn, noch Knaben, und einigen Getreuen in einem Boot ohne Ausrüstung
und Nahrungsmittel aus. Man hat nie wieder etwas von ihm gehört. Es
finden noch Reisen von JOHN DAVIS, R. BYLOT und W. BAFFIN statt, die
durch das Baffin-Meer bis zum Smith-Sund führen. In die Hudson-See
segeln nach ihrer Entdeckung JENS MUNK, dem während der Überwinterung (1619/20) durch Skorbut der größte Teil seiner Mannschaft weggerafft
wird, und 1631 LUKE FOX, der das an die Hudson-See anschließende Fox-
Becken entdeckt und wie alle seine Vorgänger hier den Weg nach China
gefunden zu haben glaubt. Auch er wird durch das Eis an der Weiterfahrt
gehindert.

Mit diesen Vorstößen hören fast für zwei Jahrhunderte die weiteren Versuche einer Nordwestdurchfahrt auf. Erst Anfang des 19. Jahrhunderts wird, dank der Agitation des Admiralitätssekretärs John Barrow, an die Lösung des alten Problems von neuem herangetreten und eine Prämie von 200 000 Dollar ausgesetzt. Inzwischen aber hat die Hudson-Bai-Gesellschaft sehr erfolgreiche Expeditionen mit Schlitten und Booten aus ihren Faktoreien ausgerüstet.

Es sind die Reisen des Samuel Hearne (1771—1772), der den Kupferfluß bis zur Mündung entdeckt; die des Alexander Mackenzie (1789 bis 1790) von Fort Chipewyan am Athabaska-See aus. Er entdeckt den Mackenzie-Strom bis zur Eismeerküste und kommt nach einem Jahr wieder vom Fort Chipewyan über das Felsengebirge bis an die Küsten des Pazifiks. Nicht weniger aufschlußreich sind auch die sehr abenteuerlichen Reisen des später in der Arktis ums Leben gekommenen John Franklin im Zeitraum von 1819—1829, an denen sich auch der Botaniker John Richardson und der Geograph G. Back beteiligen. Sie erstrecken sich nicht nur auf das Innere des Landes, sondern auch auf die Eismeerküste sowohl Kanadas als auch Alaskas. Auch die Reisen von G. Back 1833—1837 in die Gebiete um Hudson- und Sklaven-See, ferner von John Rae (1846—1847) bereichern in hohem Maße die geographischen Kenntnisse über Nordamerika. Diese Reisen tragen dazu bei, daß während dieser Zeit in etwa 150 meist von feindlichen Indianern bewohnten Orten befestigte Forts errichtet werden. Ihre Aufgabe ist, Pelztauschgeschäfte auf bestimmte Waren (Waffen usw.) vorzunehmen.

Zurückkehrend zur Agitation von John Barrow muß festgestellt werden, daß sie auf einen fruchtbaren Boden gefallen war. Es starten im Zeitraume von 1818–1845 von der britischen Admiralität acht gut ausgerüstete Expeditionen, meist mit zwei Schiffen, um die Nordwestpassage zu suchen.

Den Anfang machen 1818 John Ross und W. E. Parry. Sie steuern zunächst bis zum Smith-Sund und bringen die erste Nachricht von den nördlichsten Bewohnern der Erde, den Etah-Eskimos. Durch Eis zur Rückfahrt gezwungen, segeln sie in den Lancaster-Sund und sind auf dem besten Wege, die Nordostpassage zu entdecken, verkennen aber die Straßennatur dieses Sundes und kehren um. Im nächsten Jahre segelt Parry allein, um die mißlungene Reise John Ross' fortzusetzen. Er dringt durch den Lancastersund und die Barrow-Straße bis zum Melville-Sund vor. An der Melville-Insel wird überwintert und im Süden die Banks-Insel gesichtet. Praktisch hat Parry, ohne es zu wissen, auf dieser Reise den wesentlichsten Teil der Nordwestdurchfahrt entdeckt. Nach diesem guten Anfang fahren aber die drei nächsten Expeditionen wieder in die Hudson-See, um dort ihr Heil zu versuchen. Es sind die von Parry, Lyon und Back, die 1821 bis 1837 große geographische Ergebnisse nach Hause bringen, trotzdem aber das Grundproblem ungelöst lassen. Weitere zwei Expeditionen unter Parry (1824 bis 1825) und John Ross (1829—1833) wenden sich wiederum dem Lancaster-Sund zu, wobei die letztere zum erstenmal in der Polarforschung mit einem

Dampfer fährt. Aus dem Lancaster-Sund steuern die Expeditionen südwärts durch den Prinz-Regent-Sund. PARRY kartiert die nördlichen Küsten von Labrador. JOHN ROSS entdeckt die Boothia-Halbinsel und sein Neffe JAMES CL. ROSS bestimmt die damalige Lage des *magnetischen Nordpols* (70° 5′ n. Br. und 96° 46′ w. L.). Von seiner Dampfmaschine hat JOHN ROSS wenig Nutzen, ihre beste Leistung übersteigt nicht 3 Seemeilen pro Stunde. Noch im ersten Winterhafen wird sie an Land gesetzt.

Da auch diese Expeditionen keine Lösung des *Nordwestproblems* bringen, wird 1845 eine weitere unter dem schon sehr bewährten Polarreisenden JOHN FRANKLIN vorbereitet. Ihre beiden Schiffe „*Erebus*“ und „*Terror*“ sind auf das beste ausgerüstet und mit ausgesuchtester Mannschaft versehen.

Unter dem Kommando von JOHN FRANKLIN und FRANCIS CROZIER verlassen 1845 die Schiffe mit insgesamt 129köpfiger Besatzung die Themse. Die Reise geht zuerst durch Lancaster-Sund und Barrow-Straße, dann wird wahrscheinlich auch die Cornwallis-Insel umfahren. Die erste Überwinterung findet bei der Beechey-Insel — eigentlich Halbinsel — an der südwestlichen Küste der North-Devon-Insel statt. Der weitere Weg der unglücklichen Expedition führt laut späterer Aufklärungen 1846 in Eisdrift durch die Peel-Straße zum King William-Island. Im Eise nördlich dieses Eilandes müssen die Schiffe überwintern. Im Juni 1847 stirbt FRANKLIN, und das Kommando übernimmt CROZIER. Am nördlichen Gestade von King-William-Land verlebt die Expedition einen dritten Winter in höchster Not und verläßt im Frühling 1848 die vom Eis eingeschlossenen Schiffe. Die Leute wandern in Gruppen südwärts. (Weiterer Verlauf s. S. 128.) Die Expedition war für fünf Jahre mit Vorräten versehen, aber die Fleischkonserven, die der Londoner Lieferant GOLDNER geliefert hatte, erwiesen sich als ganz unbrauchbar.

Als nach drei Jahren nicht das geringste Lebenszeichen über die Expedition einläuft, beginnt man ernstlich beunruhigt zu werden, und man schreitet zur Ausrüstung von Entsatzexpeditionen, die später „*Franklinsucher*“ genannt werden. Von diesen werden im Zeitraum von 31 Jahren (1848 bis 1879) etwa vierzig zu Wasser und zu Lande ausgesandt. Gleichzeitig setzt die *Admiralität* eine Belohnung von 10 000 Pfund und Lady FRANKLIN von 3000 Pfund für eine sichere Nachricht aus.

Die *Suchexpeditionen* segeln in das Kanadische Straßen-Seegebiet von drei Seiten aus: 1. *aus dem Atlantik* auf den Wegen, die FRANKLIN mutmaßlich einschlagen konnte; 2. *aus der Bering-Straße*, vom Zielpunkte FRANKLINS, um ihm also entgegen zu kommen; und 3. *vom Süden*, vom Lande aus, mit Schlitten und Booten. Man nahm an, daß FRANKLIN sich im Falle des Verlustes der Schiffe als erfahrener Kenner des südlichen Geländes dorthin wenden würde. Alle Expeditionen sollten in den von ihnen besuchten Gebieten auch geographische Forschungen anstellen.

124

Das Gros der Entsatzexpeditionen wird in den Jahren 1848 bis 1853 ausgesandt, und zwar während der ersten drei Jahre:

1. *Aus dem Atlantik* die Schiffe unter JAMES CLARK ROSS (1848), JAMES SAUNDERS (1849), H. T. AUSTIN (1850), JOHN ROSS (1850), CODRINGTON FORSYTH (1850) u. a. Seltsamerweise kreuzen sie alle an den Küsten des Lancaster-, Barrow- und Melville-Sundes entlang. Es gibt Zeiten, in denen sich bis zu 16 Schiffe in diesen Gewässern versammeln. Man legt Proviantlager an, errichtet Steinzeichen, die sog. Cairns, mit Nachrichten, feuert Kanonenschüsse ab, läßt kleine Luftballone mit Nachrichten aufsteigen, setzt sogar ganze Rudel von Polarfüchsen mit Zetteln in Metallhalsbändern aus. Alles vergeblich. Allein dem Kapitän FORSYTH glückt es, den ersten Überwinterungsplatz FRANKLINS an der Beechey-Insel im Barrow-Sund zu entdecken. Hier wird eine große Anzahl von Überbleibseln sowie auch drei Gräber gefunden, aber keine schriftlichen Nachrichten! FORSYTH stößt auch in den Peel-Sund vor — hier wäre er auf dem richtigen Wege gewesen —, aber das Eis hindert die weitere Fahrt. Zu dieser Gruppe der Franklinsucher gehört die amerikanische Expedition unter DE HAVEN (1850). Auch sie wählt den üblichen Run durch den Lancaster-Sund und gelangt durch den Wellington-Kanal in nördlicher Richtung bis an das von ihr entdeckte Grinnell-Land, wo sie im Eise festfriert.

Diese Expedition mit „*Advance*" und „*Rescue*" ist nicht für eine Überwinterung ausgerüstet und muß unter größten Entbehrungen noch eine neunmonatige Eisdriftfahrt aus dem Wellington-Kanal durch den Lancaster-Sund und das Baffin-Meer bis zur Davis-Straße durchmachen.

Bis 1851 kehren alle diese Expeditionen in die Heimat zurück mit dem einzigen Ergebnis, den ersten Winterhafen FRANKLINS gefunden zu haben. Nach diesen dürftigen Ergebnissen werden 1852 aus dem Atlantik weitere Entsatzexpeditionen ausgeschickt mit der Weisung, mehr nördlich als bisher nach den Verschollenen zu suchen. Mit dieser Aufgabe wird in erster Linie EDWARD BELCHER (1852) betraut. Er fährt mit einem Geschwader von fünf Schiffen nach der Beechey-Insel und läßt dort den „North Star" als Stationsschiff zurück. Die anderen Schiffe sollen FRANKLIN suchen.

KELLETT und MAC CLINTOCK stoßen bis an die Melville-Insel vor und überwintern dort an der Südküste. BELCHER segelt mit den Schiffen von SHERARD OSBORN, G. W. RICHARD und W. S. PULLEN durch den Wellington-Kanal nach Norden, erreicht das Grinnell-Land und überwintert hier.

Während des Winters führen alle Offiziere des Geschwaders große Schlittenreisen durch und kartieren einen großen Teil des Kanadischen Archipels nördlich von 75° 30′ n. Br. Es werden auf diesen Streifen mehrmals Ruinen der früheren Eskimosiedlungen, aber keine Spur von FRANKLIN angetroffen. Die Eisverhältnisse zwingen die Schiffe BELCHERS, einen zweiten Winter im Eise zu bleiben, und da auch jetzt wenig Hoffnung vorhanden ist, daß sich die Schiffe aus der Eisumklammerung befreien können, so gibt BELCHER den Befehl, die Schiffe zu verlassen und sich nach der Beechey-Insel in Marsch zu setzen. Aber auch der aus der Bering-Straße vorgestoßene MAC CLURE, der den „*Investigator*" schon zwei Winter nicht aus der Mercy-Bai herausbringen konnte, verläßt das Schiff und trifft ebenfalls mit seinen Mannschaften bei der Beechey-Insel ein. Alle diese Besatzungen werden 1854 von dem Stationsfahrzeug „*North Star*" und dem später hierher beorderten Hilfsschiff „*Phönix*" an Bord genommen und in die Heimat gebracht.

Außerdem starten in den Jahren 1852 und 1853 noch zwei weitere Expeditionen, eine unter INGLEFIELD, ausgerüstet von Lady FRANKLIN, und eine amerikanische unter ELISHA KANE. Aber beide segeln in das Baffin-Meer, ganz entgegengesetzt der Franklin-Route. Dabei entdeckt INGLEFIELD den Jones-Sund und kommt später bis an die Beechey-Insel heran. KANE aber stößt nordwärts durch das neuentdeckte Kane-Becken bis zur Renseler-Bai an der Grönlandküste (unter 78° 37′ n. Br.) vor. Somit können auch diese Reisen nicht den Schleier von dem Geheimnis der Franklin-Expedition lüften und kehren unverrichtetersache zurück. In London ist die Unzufriedenheit besonders über BELCHER groß, er und seine Kapitäne werden vor ein Kriegsgericht gestellt, aber ehrenvoll freigesprochen.

2. *Aus dem Pazifik* stoßen in den Jahren 1849/50 sechs Expeditionen durch die Bering-Straße vor, aber davon kommen drei nicht in Betracht, da sie durch die Eisverhältnisse verhindert sind, weiter ostwärts als bis Point Barrow zu gelangen.

Von den drei hier in Betracht kommenden Kommandanten erreicht HENRY KELLETT (1849) Kap Wainwright auf Alaska und entsendet von da den Leutnant W. S. PULLEN mit drei Booten längs der Küste in östlicher Richtung. PULLEN segelt während des ersten Sommers die Küste bis zur

Mündung des Mackenzie entlang, im zweiten bis zum Kap Bathurst, aber
er erfährt nichts über die FRANKLIN-Expedition. ROBERT MACCLURE
(1850) erreicht mit seinem Schiff „Investigator" das Banks-Land und geht
zuerst an der Westküste und dann an der Nordküste, in Mercy-Bai, ins
Winterquartier. Durch diese Fahrt stellt MAC CLURE die Verbindung des
Melville-Sundes mit dem Pazifik fest. Das Eis zwingt ihn, in der Mercy-
Bai noch einmal zu überwintern (s. Tafel II). Um der dritten Überwinterung
auszuweichen, begibt sich 1854 die ganze Besatzung nach der Beechey-Insel.

Was die dritte Expedition unter R. COLLINSON (1850—1854) anbelangt,
so ist diese in östlicher Richtung bis an die Südküste von Victoria-Land
gekommen. Während der Überwinterung ist sie auf Schlittenreisen — ohne
etwas davon zu ahnen — in nächster Nähe von Gräbern und Überbleibseln
der FRANKLIN-Expedition umhergewandert.

Am 6. April 1853 findet das denkwürdige Zusammen-
treffen einiger Offiziere der MAC CLURE-Expedition mit Offizieren der auf der Südküste der Melville-Insel überwintern-
den Expeditionen von KELLETT und MAC CLINTOCK (von dem
BELCHER-Geschwader) statt. Somit wird der *Beweis eines kon-
tinuierlichen Wasserweges zwischen Pazifik und Atlantik
restlos erbracht.*

Somit fielen alle Reisen in der Zeitspanne 1848–1854
negativ aus, und das ganze Ergebnis der Franklin-Suche wäre
bis jetzt — Auffindung des ersten Winterquartiers geblieben,
wenn nicht inzwischen auch vom Süden aus geforscht worden wäre.

3. *Vom Süden, vom Lande aus,* führte ab 1848 mehrere
Reisen der erfahrene Forscher JOHN RAE, teils mit JOHN
RICHARDSON, aus. Auf der Boothia-Halbinsel begegnet RAE
1853 zufällig einem Eskimo, von dem er erfährt, daß um
1848 zahlreiche weiße Männer mit einem Boot bis an die
Küste von King William-Land und sogar jenseits des Fjords
bis an den Back-Fluß gelangt sind und aus Mangel an
Lebensmitteln alle umgekommen sind. RAE geht diesen Erzählungen nach und tauscht von Eskimos verschiedene Gegenstände der FRANKLIN-Expedition ein. Er erhält auch die ausgesetzten Prämien von der Admiralität und von Lady FRANK-
LIN. Man wußte jetzt wenigstens etwas über die größte Polar-
tragödie jener Zeiten.

Von jetzt ab (1854) werden jegliche weiteren Nachfor-
schungen von der Admiralität aufgegeben und die Offiziere
aus den Marinelisten gestrichen. Es wird aber auch anerkannt,

daß diese Suchexpeditionen in der Erforschung der Kanadischen Inselflur und des Gebietes nördlich vom Baffin-Meer sehr Bedeutendes geleistet haben. Ganz besonders aber wird *die Auffindung der seit 300 Jahren gesuchten Nordwest-Passage gewürdigt, aber gleichzeitig auch ihre Unbenutzbarkeit endgültig festgestellt.*

Mit Ausnahme der JAMES ANDERSON- und GREEN STEWART-Expedition nach der Mündung des Back-Flusses (1855 bis 1856), die zur Bestätigung der Angaben von RAE entsandt wurden, finden keine staatlichen Suchexpeditionen mehr statt. Diese Expedition aber findet eine Menge von Gegenständen, darunter auch persönliche Sachen von FRANKLIN und seinen Offizieren, in den Eskimohütten, sie entdeckt aber keine Gräber, auch keine Schriftstücke.

Jetzt kommt wieder die rastlose Lady FRANKLIN mit ihrer Privatexpedition unter MAC CLINTOCK (1857–1859) auf die Szene.

Es wird zuerst bis Upernivik auf Grönland nach Zughunden gefahren; Hier gerät das Schiff „Fox" in Eisdrift und wird in monatelanger Drift bis zur Davis-Straße verfrachtet. Dann wird eine Marmortafel auf der Beechey-Insel errichtet und durch die Prinz-Regent-Straße bis zur Bellot-Straße gesegelt, wo eine zweite Überwinterung stattfindet.

MAC CLINTOCK bereist mit Schlitten das Westufer der Boothia-Halbinsel und findet auf King-Williams-Land nicht nur die ersten Gerippe, Kleider, Geräte u. a., sondern durch den Leutnant HOBSON in einer Metallbüchse aus einem Cairn den ersten und einzigen authentischen *Bericht über* FRANKLINS *Expedition*.

Daraus ist zu schließen, daß die Expedition nach der Überwinterung bei der Beechey-Insel, wo 3 Mann an Skorbut starben, in die Peel-Straße segelte, hier in Eisdrift geriet und $1^2/_3$ Jahre lang festgehalten wurde. Während dieser Zeit sind FRANKLIN, 9 Offiziere und 12 Mann gestorben. Die letzte Überwinterung (die dritte) fand an der Nordküste von King Williams-Land statt. Die Leute befanden sich in höchster Not, die sich noch dadurch erhöhte, daß die Fleischkonserven völlig verdorben waren. Am 22. April 1848 verließen die Kapitäne CROSIER und FITZJAMES mit den restlichen 103 Mann die Schiffe, um auf Schlitten die Rettung im Süden zu suchen.

Unter den weiteren Privatforschungen sind die des amerikanischen Journalisten CH. F. HALL besonders hervorzuheben. HALL reiste (1859—1864) in der Kanadischen Arktis und lebte als Eskimo; er hat u. a. auch viele Einzelheiten über die FRANKLIN-Expedition zusammengebracht. Noch spätere Ermittelungen ergaben, daß eins der beiden Schiffe der Expedition weit nach Süden mit dem Eise gebracht wurde und alles Verwendbare von Eskimos ans Land geschleppt wurde. Nach allem zu urteilen kann angenommen werden, daß die Leute furchtbar an Hunger litten und sogar zu Kannibalen wurden. Sie begegneten auch den Eskimos, aber diese ließen sie im Stich. Sicher ist es, daß keiner von ihnen den Winter 1848/49 überlebt hat.

Als nach Abschluß dieser denkwürdigen Suchexpeditionen
zur Genüge die Unbrauchbarkeit des menschenleeren und von
Ungunst der Natur gekennzeichneten nordkanadischen Gebietes für den Schiffsverkehr erkannt wird, wendet sich das
allgemeine Interesse für längere Zeit davon ab. Dagegen wid-
met man wieder mehr Aufmerksamkeit dem Problem des
„offenen Polarmeeres“ zu. Eine Gruppe von Geographen mit
SHERARD OSBORNE an der Spitze hält für den geeignetsten
Weg dorthin die Route durch das Baffin-Meer und die nördlich gelegenen Sunde, eine andere mit AUGUST PETERMANN
– den Zugang längs der Ostküste Grönlands. Dieses Problem
zu lösen, schicken die Amerikaner nach der schon erwähnten
ELISHA-KANE-Expedition (s. S. 126) weitere Expeditionen unter
ISAAK HAYES (1860/61) und CH. F. HALL (1871–1873).

HAYES, der früher zusammen mit A. SONNTAG an der KANE-Expedition
teilgenommen hatte, erreicht jetzt auf Schlittenreisen 81° 35′ n. Br. und
glaubt, das „offene Meer“ gesehen zu haben. In Wirklichkeit hat er noch
nicht einmal den schmalen und stets vereisten Robeson-Kanal zu Gesicht
bekommen. Auf dieser Reise ist der deutsche Gelehrte A. SONNTAG ertrunken.

Fortgesetzt werden diese Forschungen von HALL erst nach
der Beendigung des amerikanischen Bürgerkrieges (s. S. 87).
Inzwischen aber findet die zweite deutsche Polarexpedition
nach Ostgrönland statt, die, wie wir schon gesehen haben
(s. S. 86), feststellen konnte, daß auch hier kein Weg in das
„offene Meer“ zu suchen sei. Mehr Erfolg als die HALL-Expe-
dition hat die sehr gut ausgerüstete und vom Kapitän der
berühmten „Challenger“-Expedition GEORGE NARES geführte
„Alert“- und „Discovery“-Expedition (1875/76).

NARES steuert durch das Baffin-Meer und weiter nordwärts. Dabei geht
„Discovery“ in Lady Franklin-Bai in Winterquartier; „Alert“ aber stößt
durch den Robeson-Kanal und erreicht das Nordpolar-Meer, wo NARES an
der Nordostküste von Grants-Land einen Winterplatz aufsucht. Die Offiziere
beider Schiffe unternehmen sehr erfolgreiche Erkundungsschlittenreisen sowohl nach Grönland (L. BEAUMONT erreicht 52° w. L.) wie nach Grant-
Land: P. ALDRICH reist längs der Nordküste des Grant-Landes westwärts
bis zum 86° w. L. und C. R. MARKHAM vom Kap Joseph Henry polwärts
bis 83° 20′ n. Br. (61° w. L.). Die großen Schwierigkeiten, die das hoch auf-
getürmte Packeis diesen Vorstößen in den Weg stellen, veranlassen NARES
zur Äußerung, daß „the North pole inpracticable“ sei. Trotz dieses Ausspruches wird 1882 von Leutnant A. W. GREELY Station im *Fort Conger*
(1881—1884), durch J. B. LOCKWOOD ein Vorstoß gegen den Pol von Grönland aus unternommen und 83° 30$^{1}/_{2}$′ n. Br. (41° w. L.) erreicht. Im übrigen

verläuft die unter Leitung von GREELY für das I. Internationale Polarjahr ausgesandte Expedition sehr unglücklich. Sie bestand aus 26 Offizieren und Soldaten der USA.-Armee und war nur für 2 Jahre mit Proviant versorgt, mußte aber infolge nicht rechtzeitiger Abholung noch zwei weitere Jahre in Elend von einer Stelle zur anderen wandern. Die Leute verelendeten vollkommen, wurden teilweise zu Kannibalen, und die letzten Sieben, darunter auch GREELY, konnten — zu wahren Gerippen abgemagert — endlich vom Walfänger „*Thetis*" gerettet werden.

Nach allen erwähnten Forschungen bleiben die nordwestlichen Teile des Kanadischen Archipels noch unentschleiert. Diese Aufgabe löst in der Hauptsache die II. „*Fram*"-Expedition unter OTTO SVERDRUP (1898–1902) und zum Teil die Kanadische Arktische Expedition unter VILHJALMUR STEFANSSON (1913–1918).

SVERDRUP beabsichtigt ursprünglich, durch Smith-Sund, Kane-Becken und Robeson-Sund längs der Nordküste Grönlands soweit wie möglich nach Norden vorzudringen, dort zu überwintern und dann längs der Ostküste weiter südwärts zu kommen. Die ungünstigen Eisverhältnisse im Kane-Becken zwangen ihn, schon vorzeitig bei Kap Sabine im Smith-Sund das Winterlager aufzuschlagen. Als auch im nächsten Jahre die „Fram" wieder auf unpassierbares Eis stößt, ändert SVERDRUP seinen Reiseplan und steuert in den seit seiner Entdeckung nicht besuchten Jones-Sund. Auch hier stellt ihm das Eis unüberwindbare Schranken entgegen und zwingt die „*Fram*", dreimal an dicht nebeneinander liegenden Fjorden der Südküste von Ellesmere-Land zu überwintern. Aus diesen drei Winterlagern, die am noch völlig unerforschten Jones-Sund liegen, hat SVERDRUP mit G. ISACHSEN große Schlittenreisen nicht nur zu den noch unbekannten Westküsten von Ellesmere- und Grinnell-Land, sondern noch in das westlich davon liegende Gelände unternommen und hier einen Archipel von über 200 000 qkm entdeckt und kartiert. Es sind *Axel-Heiberg-, Ellef-Ringnes-, Amund-Ringnes-* und *König-Christian-Land.*

Gleich nach SVERDRUP erscheint in den kanadischen Gewässern ROALD AMUNDSEN mit dem 47 t großen Motorboot „*Gjöa*"[1]) (1903–1906). Sein Ziel ist, die Nordwestpassage zu bezwingen, aber durch andere Sunde, als es nach der Erfahrung der Franklinsucher möglich war.

Die „*Gjöa*" steuert 1903 aus dem Baffin-Meer durch den Lancaster- und Peel-Sund bis zum King Williams-Land und legt sich hier, in der heutigen Peterson-Bai, für zwei Jahre ins Winterquartier. Während dieser Zeit verbringt AMUNDSEN mit dem Assistenten G. WIIK 19 Monate in einer Hütte auf der Boothia-Halbinsel am erdmagnetischen Pol und untersucht in exakten Beobachtungen magnetische Elemente. Kapitän G. HANSEN kartiert inzwischen die noch unbekannte Ostküste Victoria-Lands. Dann fährt die „Gjöa" über die Dease-Straße, Coronation-Bai und Dolephin-Straße in die Beaufort-See, wo sie noch einmal unweit der Herschel-Insel überwintert und dann durch die Bering-Straße 1906 Nome erreicht.

---

[1]) Es ist der erste Fall einer arktischen Expedition mit einem Motorschiff.

Neben dem großen Verdienst in den erdmagnetischen Messungen gelang AMUNDSEN zum *erstenmal die Nordwestdurchfahrt mit einem Schiff,* dabei durch andere Wasserstraßen als MAC CLURE (1853/54). Es fanden später mit Fahrzeugen der Hudson-Bai-Gesellschaft Reisen vom Atlantik und vom Pazifik bis zur Faktorei in der *Peterson-Bai* an der King Williams-Insel wenigstens streckenweise statt. Aber erst 1938 führte das Fahrzeug „*Aklavik*" eine *transkanadische Fahrt* aus, und zwar in *umgekehrter Richtung* vom Pazifik zum Atlantik mit einer Überwinterung bei der Somerset-Insel.

Ein noch weiterer Schritt in der Erschließung des arktischen Kanadas ist unzweifelhaft die Kanadische Arktische Expedition unter VILHJALMUR STEFANSSON und R. M. ANDERSON (1913–1918). Das Forschungsgebiet soll derart eingeteilt werden, daß STEFANSSON die nordwestlichen Inseln des Archipels und die umgebenden Gewässer, ANDERSON die Kontinentalküsten von Alaska und Kanada in seine Studien einschließt. Der Expedition steht der Dampfer „*Karluk*" unter Kapitän R. A. BARTLETT zur Verfügung und einige kleinere Fahrzeuge.

Gleich nach Ankunft an der Nordalaskaküste wird „*Karluk*" bei einem plötzlich ausgebrochenen Sturm mit dem Eise in die offene Beaufort-See hinausgetrieben, durch die Drift in die Nähe der Herald-Insel gebracht und hier vom Eise zerdrückt. Über die tragischen Abenteuer seiner Besatzung wurde schon (vgl. S. 119) gesprochen. Der wissenschaftliche Stab der Expedition befindet sich während der Katastrophe am Lande. STEFANSSON überläßt die Erforschung des Archipels seinen Assistenten, er selbst aber bricht mit einigen Begleitern vom Kap Martin auf Alaska (etwa 143° w. L.) auf, geht über das Meereis in nördlicher und östlicher Richtung und erreicht nach 93 tägiger Wanderung, teils in Marsch, teils in Drift, das Banks-Land. Es glückt ihm auch, in dieser Eiswüste meist „vom Lande zu leben", d. h. genügend Seehunde und Vögel zu schießen und sich und seine Begleiter zu ernähren. Er überwintert auf Banks-Land und unternimmt von hier wieder eine neue Schlittenreise über das Meereis erst nordwärts bis 77° n. Br. und dann ostwärts zum Prinz Patrick-Land. Im folgenden Jahre untersucht er das Gebiet weiter östlich und entdeckt die *Brock-, Borden-* und *Meighen-Insel.* 1917 erfolgt ein weiterer Vorstoß von der Borden-Insel aus bis 80° 30′ n. Br. (110° w. L.). Schwer erkrankt muß STEFANSSON längere Zeit auf der Herschel-Insel bleiben, sein Assistent STORKER-STORKERSON aber unternimmt 1918 einen neuen Marsch über die Eisfelder der Beaufort-See und liefert sehr wertvolle ozeanographische Tiefenmessungen. Er verweilt dabei mit seinen Begleitern vom 15. März bis 8. November, also eine Rekorddauer von 238 Tagen, auf den Eisfeldern, hauptsächlich „vom Lande lebend".

Durch seine lehrreichen Schriften über die Natur und das Leben in der Arktis hat STEFANSSON viel für das richtige Verständnis der Polarwelt geliefert. Das Prädikat *„freundliche Arktis"*, mit dem er dieses Gebiet in seinen Werken betitelt und den Forschern zumutet, in die Arktis nur mit Gewehr und Munition aufzubrechen und dort *„vom Lande zu leben"*, kann nur in beschränktem Sinne gebraucht werden (s. S. 165).

Obwohl schon ab 1870 der arktische Archipel unter dem Namen *Canadian Northwest Territories* einer besonderen Verwaltung unterstellt war und schon 1907, nach SVERDRUPS Entdeckung eines ganzen Archipels, die Frage über die Notwendigkeit einer Definierung der Gebietshoheit erhoben wurde, erfolgte die endgültige Grenzziehung erst 1925. Der Senat erkannte als kanadisches Hoheitsgebiet den polaren Sektor, begrenzt: im Westen durch den Meridian 141° w. L. und im Osten durch den Meridian 60° w. L. und durch eine Linie inmitten der Gewässer zwischen Grönland einerseits und Grant-, Grinnell- und Ellesmere-Land andererseits. In diesen Sektor fällt das Territorium und Aquatorium bis zum Pol hinein.

Aber schon 1904 wird zur Kartierung und Vermessung der Northwest Territories eine unter Leitung von Kapitän J. E. BERNIER stehende Expedition mit der „Arctic"[1]) ins Leben gerufen, die acht Jahre mit einigen Überwinterungen in diesem Archipel verbringt und u. a. auf den von fremden Expeditionen entdeckten Inseln die kanadische Flagge hißt, Gräber und Gedenktafeln erneuert, verschiedene Dokumente aus den überall zerstreuten Cairns herausholt usw. Ferner werden die vorhandenen Handelsstützpunkte der Hudson-Bai-Gesellschaft durch weitere Punkte mit meteorologischen Beobachtungsstationen ergänzt; einige davon erhalten Radiosender. An der Ostküste von Labrador werden ebenfalls Polizei- und Zollposten errichtet und mit Mannschaften der *Royal Canadian Mounted Police*, d. h. berittener Polizei besetzt. In Wirklichkeit unternimmt diese Polizei ihre für die geographische Forschung oft sehr aufschlußreichen Dienstreisen natürlich ausschließlich mit Hundegespannen.

Im großen und ganzen kann über Polar-Kanada gesagt werden, daß es sich nicht der kulturellen Pflege wie Nordsibirien und Grönland erfreut. Besonders bezieht sich dieses auf das Wetterstationsnetz (s. Karte, Tafel II). STEFANSSONS apologetische Schriften und Reden zugunsten der Kanadischen Arktis hatten einen Erfolg, und heute wird diesem Ge-

---

[1]) „Arctic" ist das von Deutschland an Kanada verkaufte Schiff *„Gauss"* der antarktischen Expedition von E. v. DRYGALSKI.

biete mehr Aufmerksamkeit geschenkt. So wurde z. B. seitens der Gesellschaft zur Erforschung des Nördlichen Kanadas unter Leitung des Chefgeologen und Piloten E. A. BOADWAY eine ganze Reihe von kühnen Flügen zur Erkundung der Erz- und Kohlelager sowie Ölquellen unternommen. Ferner bemüht man sich nach dem Vorbilde Alaskas in hohem Maße um die *Rentierzucht.* So wurden z. B. in den Jahren 1929 bis 1934 3000 Rentiere in Alaska erworben und auf dem Landwege nach Kanada gebracht (vgl. S. 69 f.). Auch um die *Schifffahrt* in der Hudson-See wird Sorge getragen (vgl. S. 155).

D. Innerarktis.

Wie wir schon aus dem Vorhergehenden kennengelernt haben, stellt die Innerarktis eine weite Ausbuchtung des Atlantik dar. Ihr Areal beträgt etwa 10 Mill. qkm, ihre größte Tiefe 5440 m. An dieses tiefe Zentralbecken schließen sich die seichten Randmeere mit mehreren Inselgruppen an. Auf Grund der Beobachtungen über die Gezeitenwellen ist der Amerikaner HARRIS zur Annahme gekommen, daß sich nördlich von Alaska Land oder eine Flachsee befinden müsse. Obwohl das in Frage kommende Gebiet bis jetzt nur überflogen wurde, also keine Lotungen vorliegen, wird diese Meinung HARRIS' von den meisten Geographen nicht geteilt.

Vorstöße mit Schiffen und Hundegespannen.

Bis zur Rückkehr von NANSENs „*Fram-Expedition*" (1896) hatte man nichts über das Wesen der Innerarktis gewußt. Alles, was bis dahin bekannt war, ging nicht über den Kontinentalsockel hinaus. Es sind bis dahin nur folgende Vorstöße über das Packeis durchgeführt worden:

1. *von Sibirien aus:* 1770 Fähnrich E. LEONTJEW von den Bären-Inseln bis zum 72° 30′ n. Br. (165° ö. L.); 1821 Leutnant P. TH. ANJOU von den Neu-Sibirischen Inseln bis 76° 36′ n. Br. (137° 26′ ö. L.); 1822 Leutnant TH. V. WRANGEL vom Kap Großer Baranow bis 72° 2′ n. Br. (164° 10′ ö. L.);

2. *von Spitzbergen aus:* 1827 Leutnant W. E. PARRY nach 35tägigem Marsch bis 82° 45′ n. Br. (20° ö. L.);

3. *von Amerika und Grönland aus:* 1876 Leutnant C. R. MARKHAM bis zum 83° 20′ n. Br. (61° w. L.), 1882 Leutnant J. B. LOCKWOOD bis zum 83° 30′ n. Br. (41° w. L.) und

4. *von der Bering-Straße aus* sind für die damalige Zeit Rekordbreiten bis 73° 50′ n. Br. in der Tschuktschen-See von englischen und amerikanischen Kriegs- und Walfangschiffen erreicht worden. Das erste bedeutende Ereignis in der Erforschung der Innerarktis ist die amerikanische G. DE LONG-Expedition mit der „*Jeannette*" (1879–1882). Aber auch sie kommt nicht über den Schelf hinaus.

Die „*Jeannette*" wird bei der Herald-Insel vom Eis eingeschlossen, friert fest ein und gerät in die Eisdrift. Die Fahrt verläuft in nordwestlicher Richtung und endet mit dem Untergange des Schiffes in der Nähe der Neu-Sibirischen Inseln. Die 33köpfige Besatzung unternimmt in 3 Booten eine Fahrt zur Lenamündung. Auf dieser Fahrt wird 77° 43′ n. Br. (151° ö. L.) erreicht. Eins der Boote geht mit 8 Mann verloren. Das Boot des Schiffsingenieurs MELVILLE mit 11 Personen trifft an der Küste Eingeborene; das von DE LONG gerät mit 14 Mann in einen Lenaarm, wo keine Siedlungen vorhanden sind. Außer den deutschen Matrosen NINDERMANN und NOROS, die südwärts vorausgeschickt wurden, um Hilfe zu suchen, gingen alle Mitglieder dieser Gruppe an Erschöpfung, Hunger und Kälte zugrunde.

Auf der Driftfahrt der „*Jeannette*" und späteren Bootfahrt werden die sog. *De Long-Inseln: Jeannette, Henriette* und *Bennett* entdeckt.

Drei Jahre nach dem Untergang der „*Jeannette*" (1884) werden an der Südküste Grönlands von Eskimos Gegenstände auf einer driftenden Eisscholle gefunden, die einwandfrei ihre Zugehörigkeit zur „*Jeannette*"-Expedition feststellen lassen. Diese Tatsache bringt FRIDTJOF NANSEN auf den Gedanken seiner später berühmt gewordenen „*Fram*"-Expedition (1893 bis 1896). Erst ihr gelingt es, das zentrale Polarmeer zu erreichen und das Rätsel über seine Natur restlos zu lösen. Die Expedition ist auf das gründlichste durchdacht und vorbereitet. COLIN ARCHER in Larvik baut die „*Fram*", wobei er bei der Konstruktion dieses Expeditionsschiffes den Eisdruck besonders berücksichtigt.

Die „*Fram*" umsteuert Kap Tscheljuskin, erreicht im Gebiet nordwestlich von den Neu-Sibirischen Inseln das Packeis, friert ein und führt die epochemachende Driftfahrt durch das Nordpolarmeer aus (s. Taf. II). Noch während der Drift verläßt NANSEN am 14. März 1895 unter 84° n. Br. (161° 55′ ö. L.) mit FR. H. JOHANSEN und 26 Hunden das Schiff und wandert über die Eisfelder polwärts. Die schweren Eisverhältnisse erlauben nur bis 86° 4′ n. Br. unter 96° ö. L. vorzustoßen, von wo er am 8. April den Rückmarsch nach Franz Joseph-Land antritt und am 14. August diesen Archipel erreicht und hier in einer mit Walroßhaut überzogenen Steinhütte den Winter verbringt. Im Frühjahr 1896 erreichen NANSEN und JOHANSEN die Northbrook-Insel und treffen am Kap Flora G. F. JACKSON, der hier seit 1894 die Hauptstation seiner Expedition hält (s. S. 107). — Die „*Fram*", unter Leitung von OTTO SVERDRUP, erreicht die höchste Breite von 85° 56′ n. Br. unter 66° ö. L., und nach weiterer Driftfahrt (im ganzen 1055 Tage) befreit sie sich am 13. August 1896 bei Spitzbergen aus dem Eis und kehrt in die Heimat zurück. Die Expedition stellt fest, daß die Zentralarktis ein Becken mit Tiefen zwischen 3000 und 3840 m ist, bringt sehr wertvolle ozeanographische, meteorologische, biologische u. a. Beobachtungen mit und bestätigt die Hypothese der Eisdrift quer über das Nordpolar-Meer in westlicher Richtung.

Den nächsten bedeutenden Vorstoß gegen den Pol nach NANSEN führt 1900 der italienische Leutnant UMBERTO CAGNI von der Expedition des HERZOGS DER ABRUZZEN von Franz Joseph-Land aus (s. S. 108).

CAGNI startete am 11. März 1900 mit 9 Mann, 13 Schlitten und 104 Hunden. Darunter befanden sich zwei Hilfsabteilungen von je 3 Mann, die die Expedition mit Lebensmitteln zu versorgen hatten. Am 25. März trat die erste Gruppe, am 31. März die zweite den Rückmarsch an. CAGNIS Gruppe setzte den Marsch fort und erreichte am 25. April die Rekordbreite 86° 34′ n. Br. (unter 68° ö. L.)[1]. Von den Hilfsgruppen erreichte nur die erste die Winterstation, die zweite unter Leutnant GRAF F. QUERINI kam um. CAGNI erbrachte u. a. den Beweis dafür, daß das *Petermann-Land* nicht existiert, da seine Marschroute gerade über die Stelle ging, wo V. PAYER 1874 von dem Kronprinz-Rudolph-Land dieses Land gesehen zu haben glaubte. Außerdem lieferte diese Expedition wichtige geophysikalische Ergebnisse, und A. CAVALLI brachte zoologische, botanische und mineralogische Funde mit.

Ferner findet 1900—1905 die Expedition des russischen Geologen E. VON TOLL auf „*Sarja*" statt, der oblag, im Gebiete nordwärts der Neu-Sibirischen Inseln nach dem „*Sannikow-Land*", das 1809 der Pelztierjäger JAKOW SANNIKOW von diesem Archipel aus gesehen zu haben glaubte, zu forschen.

Nach den beiden durch schweres Eis erzwungenen Überwinterungen an der Westküste der Taimyr-Halbinsel und bei der Kotelnys-Insel erreicht das Schiff über den Neusibirischen Inseln 77° 35′ n. Br. (142° 17′ östl. L.) und 78° 33′ n. Br. (142° östl. L.), kann aber das gesuchte Land im Nebel nicht wahrnehmen. E. V. TOLL und F. SEEBERG (Astr.) unternehmen mit zwei Begleitern über das Eis eine Wanderung zur Bennett-Insel. Die Eisverhältnisse erlauben nicht, im Spätherbst die Toll-Gruppe mit dem Schiff abzuholen. Für die Überwinterung nicht ausgerüstet, unternimmt V. TOLL einen Marsch nach dem Kontinent und kommt mit seinen Begleitern ums Leben. Zur Expedition gehörten der Ozeanograph A. W. KOLTSCHAK und der Biologe A. A. BIRULA, die ein großes wissenschaftliches Material gesammelt haben.

---

[1] NANSEN hat im Jahre 1895 den 86° 04 n. Br. erreicht.

Nansens Erfolg erregte besonders in Amerika großes Aufsehen, und es meldet sich bald eine Reihe von Polstürmern, die, unterstützt durch Sensation, Mäzene und Presse, bald auf der Polararena erscheinen. Es finden drei Expeditionen nach dem Franz Joseph-Land statt: eine des Journalisten W. Wellman (1898) und zwei des Mäzens W. Ziegler unter Baldwins (1901) und unter Fialas Leitung (1903), die, wie schon gesagt (s. S. 108 f.), über die Grenzen des Archipels nicht hinauskommen. Ferner ist die von R. E. Peary, der am 7. April 1909 von Kap Columbia auf Grant-Land aus den Pol erreicht haben will. Bevor aber diese Nachricht in die Kulturwelt gelangt, kommt die sensationelle Ankündigung von Frederick Cook, daß er den Pol bereits am 21. April 1908 betreten habe. Die Nachricht wird geglaubt, da Cook noch von der *„Belgica“*-Expedition (1897–1899) zum Antarktischen Kontinent her einen guten Ruf genoß. Aber kaum waren die Festlichkeiten zu Ehren Cooks zu Ende, als die Botschaft von Pearys Entdeckung die Gemüter von neuem erregte.

Vergleichen wir die zurückgelegten Entfernungen und die entwickelten Geschwindigkeiten. Peary hatte von 87° 47′ n. Br., wo ihn die Hilfsgruppe Bartletts am 30. März verlassen hatte, bis zum Pol 246 km zu bewältigen. Diese Strecke soll er in 7 Tagen mit durchschnittlicher Geschwindigkeit von 35 km zurückgelegt haben. Bis dahin war seine und der Hilfsgruppen Geschwindigkeit etwa 20 km, jetzt, wo er allein bleibt, macht er trotz des ungebahnten Weges 35 km. Aber noch schneller bewegt sich Peary auf dem Rückmarsch. Er schafft die Entfernung von 766 km vom Pol bis zum Kap Columbia in 16 Tagen, d. h. mit mittlerer Geschwindigkeit von 48 km. Er übertrifft somit die Rekordgeschwindigkeit Amundsens von 36 km, mit der dieser 1911 vom Südpol zum Framheim zurückkehrte. Dabei darf nicht vergessen werden, daß Amundsen über festes Land, bei gutem Wetter, bergab und in alten Spuren reiste, Peary aber über driftende Eisfelder fuhr, auf dem Wege Wasserrinnen und nicht immer gebahnten Weg, oft höckeriges Packeis antraf. Noch erstaunlicher sind Pearys Leistungen auf einzelnen Strecken seiner Trasse. So soll er vom 7. bis 9. April trotz stürmischen Wetters und Wasserrinnen vom Pol bis 87° 47′ n. Br. „im gestreckten Galopp“ gekommen sein, also in etwa zwei Tagen eine Strecke von 246 km zurückgelegt haben! — Gegenüber diesen Rekordleistungen Pearys müßten die Geschwindigkeiten Cooks als sehr bescheiden erscheinen, er will nämlich die Entfernung von 900 km von Kap Svartevoeg bis zum Pol in 31 Tagen mit rund 29 km und die Entfernung vom Pol zum Ellef-Ringnes-Land, eine Strecke von 1300 km, in 54 Tagen mit rund 24 km bewältigt haben (s. Karte, Taf. II). Aber die Sache liegt nicht in Geschwindigkeit, sondern ist abhängig von dem Verhältnis der gesamten Zugkraft der Hunde zur Länge der Strecke, sowie von der Anzahl der Reisenden und der Menge der Last. Da Cook mit seinen beiden Eskimos nicht „vom Lande gelebt“ hatte, sondern

allen Proviant und die Ausrüstung mit sich schleppen mußte, so konnte die
Transportkraft seiner Hunde für eine Expedition von 85 Tagen nicht aus-
reichen[1]). Dabei muß beachtet werden, daß PEARY seinen Marsch von insgesamt 1532 km nach einer Überwinterung mit frischen Kräften, COOK aber
seine Strecke von 2260 km gleich nach einer sehr strapaziösen langen Überquerung begonnen hat. Unseres Erachtens können beide Reisen nicht den
Pol erreicht haben. Außerdem wären auch die astronomischen Bestimmungen
dieses Punktes am 7. oder 21. April, wo die Sonne noch so niedrig steht,
kaum möglich gewesen.

Nicht unerwähnt darf hier der 1914 stattgefundene Vorstoß
MACMILLANs von Axel-Heiberg-Land bis zum 82° 30′ n. Br.
und 108° 22′ w. L. auf der vergeblichen Suche nach dem

Abb. 48. Hundeschlitten auf zerbrochenen, nur durch Eispressung zusammen-
gehaltenen Eisschollen, 120 Meilen vom Lande entfernt (aus: D. MACMILLAN,
„Four Years of the White North", Boston 1925).

Crocker-Land (Abb. 48 u. 49) bleiben, das PEARY 1906 gesehen zu haben glaubte.

Ferner muß noch die von R. AMUNDSEN eingeleitete und
von H. U. SVERDRUP zu Ende geführte „*Maud*"-Expedition
(1918–1925) erwähnt werden. Die Expedition hat das Ziel,
mit dem eigens dazu gebauten Motorschiff „*Maud*" so weit
östlich wie möglich von der Wrangel-Insel in die Eisdrift zu
gelangen und die bekannte „*Fram*"-Drift auf weit nörd-
licherer Route zu wiederholen. Die Eisverhältnisse aber erwiesen sich in den Jahren 1918–1920 so ungünstig, daß die

---

[1]) Die Reise dauerte 88 Tage und die Strecke zum Pol beträgt 960 km;
wir ziehen 3 Tage und 60 km ab, an denen er Begleitung hatte.

„*Maud*" zweimal an der sibirischen Küste überwintern mußte. Infolge der durch schwere Eispressungen erlittenen Schäden mußte die „*Maud*" nach Nome in Alaska zur Reparatur steuern. Amundsen aber verläßt jetzt die Expedition und sucht nach anderen Mitteln, um den Pol zu erreichen. Die Expedition soll aber unter Leitung von SVERDRUP ihre Aufgabe weiterverfolgen.

Erst 1922 wird die „*Maud*" repariert und setzt die Reise unter H. U. SVERDRUPs und O. WISTINGs Leitung fort. Es gelingt auch in die Eisdrift bei der Herald-Insel zu kommen und mit einigen Abweichungen die Drift der „*Jeannette*" zu wiederholen (s. S. 134). Nach $2^1/_2$ jähriger Eisfahrt ge-

Abb. 49. Eine Mahlzeit ohne Teller und Gabel
(aus: D. MACMILLAN, „Four Years of the White North", Boston 1925).

langt die „*Maud*" bei den Neu-Sibirischen Inseln dicht an die Stelle, wo 1893 NANSENs „*Fram*" ihre epochemachende Drift angefangen hatte. Um diese Drift nicht zu wiederholen, befreit sich die Expedition aus dem Eis und kehrt 1925 nach einer nochmaligen erzwungenen Überwinterung bei den Bären-Inseln nach Alaska zurück. In anderer Hinsicht war diese Expedition sehr erfolgreich und brachte großes wissenschaftliches Material heim.

Nun tritt eine längere Pause ein, bis die Menschen wieder, und zwar mit dem Schiff oder Flugzeug in die Innerarktis kommen. Ein Unglücksfall mit drei Eisbrechern gibt dazu Gelegenheit:

Der Eisbrecher „*Sedow*" gerät mit noch zwei anderen Eisbrechern „*Sadko*" und „*Malygin*" in dem für die sibirische Schiffahrt unheilvollen Jahre 1937 in der Nähe der Neu-Sibirischen Inseln in die Eisgefangenschaft. Die Schiffe driften, wie unsere Karte zeigt, mit dem Generalkurs in nordwestlicher Richtung. Im April 1938, als sich die Schiffe bereits unter etwa 82° n. Br. befinden, werden durch Flugzeuge unter Leitung von A. ALEXEJEW von der insgesamt 217 köpfigen Besatzung 182 Mann ans Land gebracht. Im August 1938, als sich die Fahrzeuge unter 83° 4′ n. Br. und 138° 22′ ö. L. befinden, werden zwei von ihnen, nämlich „Sadko“ und „Malygin“, durch den Eisbrecher „Jermak“ aus dem Eise befreit. Der „Sedow“ kann wegen seiner Manövrierunfähigkeit durch die Beschädigung am Ruder nicht befreit werden und wird, ausgerüstet und verproviantiert, mit einer Besatzung von 15 Mann unter Kapitän K. BADIGIN als driftende Station zurückgelassen. Auf seiner weiteren Drift erreicht „Sedow“ am 22. März 1939 eine Rekordbreite 86° 35′ n. Br. und 108° 50′ ö. L. („Fram“ erreichte 85° 56′ n. Br.) Am 8. Januar 1940, nach 791 tägiger Driftfahrt, wird das Schiff nach schwerem Kampfe mit dem Eise unter 80° 46′ n. Br. in der Nähe von Spitzbergen von dem Eisbrecher „Joseph Stalin“ herausgeeist und nach Murmansk geleitet. Es werden vom Steuermann W. BUJNITZKI und vom Kapitän während der ganzen Fahrt meteorologische, ozeanographische u. a. Messungen ausgeführt und täglich Wetterberichte gefunkt. Hierher gehören auch die PAPANIN-Expedition (1937—1939) auf der driftenden Eisscholle (s. S. 144) und die Vorstöße STEFANSSONS nordwärts von Kanada (s. S. 131).

Vorstöße mit Luftfahrzeugen.

Seit der Zeit, wo der Luftballon erfunden wurde, hat es nicht an Vorschlägen gefehlt, mit diesem in die Arktis zu fahren. Aber erst 1897 wurde diese kühne Idee vom schwedischen Ingenieur S. A. ANDRÉE in die Tat umgesetzt. ANDRÉE riskierte, mit einem durch Segel und Schlepptau bis zu einem gewissen Grade lenkbaren Luftballon „Örnen“ von 4511 cbm in die Innerarktis zu starten. Seine Begleiter sind NILS STRINDBERG und KNUT FRAENKEL. Die Ausrüstuug und der Proviant sind nur auf 3½ Monate berechnet. Der Aufstieg findet am 11. Juli von der Dänen-Insel auf Spitzbergen statt.

Beim Aufstieg des „Örnen“ löst sich etwa $^2/_3$ vom Schlepptau von etwa 530 kg aus seiner Verschraubung und bleibt liegen. Der Ballon wird trotz Verlustes dieses Gewichtes durch örtliche Winde an die Meeresoberfläche gedrückt, und es müssen weitere 207 kg kostbaren Ballastes abgeworfen werden. Aus den später gefundenen Tagebüchern wissen wir, daß der Ballon trotz dieses Gewichtsverlustes durch die große eigene Ladung und durch Rauhreif während der ganzen Fahrt auf das Eis aufstößt. Nach 65 Stunden Fahrt mit Generalkurs in nordöstlicher Richtung muß am 14. Juli unter etwa 83° n. Br. und 31° ö. L., in einer Entfernung von etwa 300 km von Spitzbergen (s. Karte, Taf. II) gelandet werden (Abb. 50). Der weitere Verlauf der Expedition ist ein trauriger. Statt sofort südwärts zu ziehen, bleiben die drei Mann beim besten Wetter eine ganze Woche am Luftballon. Dann ziehen sie 12 Tage lang in Richtung Franz Joseph-Land und sind weitere etwa 60 Tage auf Marsch und in Eisdrift nach Spitzbergen. Ganz erschöpft erreichen sie schließlich die öde *Weiße Insel* an der Nordostküste von Spitzbergen. Dort gehen sie sehr bald zugrunde, wahrscheinlich beim Lawinensturz. Ihr Lager, Teile ihrer Leichen sowie Aufzeichnungen und photographische Filme .wurden nach 33 Jahren von einer norwegischen Expedition unter G. HORN aufgefunden und die schaurige Tragödie zum größten Teil entschleiert.

Trotz Mißerfolges mit dem „*Örnen*" versucht 1907 und 1909 ein uns schon bekannter W. WELLMAN von der Dänen-Insel bei Spitzbergen mit einem eigenartigen Luftschiff neue Vorstöße in die Arktis. Der erste Versuch verläuft ganz erfolglos. Der zweite ist durch sein „glückliches Scheitern" beachtenswert.

Abb. 50. Letzte Landung des Luftballons „*Örnen*"der´ ANDRÉE-Expedition. Aufnahme der Expedition (aus: S. A. ANDRÉE, „Dem Pol entgegen", Leipzig 1930).

WELLMAN startet mit dem russischen Ingenieur N. POPOFF mit „*America II*" von 9000 cbm und mit zwei Maschinen von insgesamt 100 PS, sowie einem Schlepptau von 1700 kg. Das Schlepptau ist von außen mit Stahlschuppen verkleidet und im Inneren mit Proviant gefüllt (Abb. 51). Nach sehr kurzer Fahrt reißt ein großer Teil des Schleppschlauches ab, das Luftschiff geht auf die Eisfläche nieder und wird glücklicherweise von einem in der Nähe anwesenden Dampfer wieder zur Halle gebracht. So scheitert auch dieses mehr auf Sensation berechnete Unternehmen in Gegenwart einiger Hunderte von Touristen. Trotz eines ironischen Ausspruches von NANSEN, daß dieses Unternehmen „ungewöhnlich unbrauchbar" sei, muß doch zugestanden werden, daß 1909 das erste Luftschiff sich wenige Minuten über der Arktis in der Luft gehalten hatte!

Jetzt tritt die Zeit des Flugzeuges heran. Als erster fliegt in der Arktis 1914 Leutnant J. NAGURSKI (s. S. 106). Nach dem Weltkriege werden viele Flüge in die Arktis unternommen: 1923 fliegen MITTELHOLZER und NEUMANN über Spitzbergen, 1925 E. BYRD über Grönland und Grant-Land und im gleichen Jahre AMUNDSEN und ELLSWORTH mit vier Begleitern in zwei Maschinen von Spitzbergen zum Pol.

Infolge des Ausfalles eines Motors muß aber unter 87° 44′ n. Br. und 10° 30′ w. L. eine Notlandung stattfinden. Hier wird eine Tiefe von 3750 m mit dem Echolot ermittelt. Da bei der Landung eine Maschine beschädigt wurde, mußte der weitere Flug aufgegeben werden und die Rückkehr mit einem Flugzeug erfolgen. Es fragt sich, ob diese Notlandung für AMUNDSEN und seine Leute nicht zugleich auch deren Rettung war, denn nach

Abb. 51. WELLMANs Luftschiff auf Spitzbergen im August 1909
(aus: B. VILLINGER, „Die Arktis ruft!“, Freiburg i. Br. 1929).

Zurücklassung der zweiten Maschine und fast des gesamten Gepäcks konnte AMUNDSEN noch nicht einmal Spitzbergen erreichen und mußte kurz vorher infolge Benzinmangels notlanden!

Im Jahre 1926 unternimmt E. BYRD von Spitzbergen aus einen erfolgreichen *Nonstopflug* zum Pol und zurück. Noch in demselben Jahre findet die erste erfolgreiche Überquerung des ganzen Polarbeckens mit einem Luftschiff der AMUNDSEN-ELLSWORTH-NOBILE-Expedition statt.

Das halbstarre Luftschiff „Norge“ von 18500 cbm startet in der Kings-Bai auf Spitzbergen und fährt über den Nordpol nach Teller in Alaska, wo es abmontiert wird. Zum erstenmal blickt man auf das Gebiet zwischen dem Pol und Amerika, das sich als von Packeis bedecktes Meer herausstellt.

1926 und 1927 unternehmen H. WILKINS und R. EIEL-
SON von Kap Barrow in Alaska Flüge in nordwestlicher Richtung in die unbekannte Arktis. 1927 erfolgt eine Notlandung
unter 77° 45′ n. Br. und 175° w. L. auf dem Eis.

Hier wird mit dem Echolot eine Tiefe von 5440 m ermittelt. Im nächsten
Jahr fliegen die beiden nach Spitzbergen. Auf diesem Flug wird wieder ein
anderes Gebiet von oben beschaut und wie auf der „Norge"-Fahrt werden,
soweit der Nebel eine Sicht gestattete, nur Packeisfelder wahrgenommen.

Weitere Forschungen in dieser Richtung setzt UMBERTO
NOBILE 1928 mit der „Italia", dem Schwesterschiff der
„Norge", von Spitzbergen aus fort. Nach einer glücklich ver-

Abb. 52. Gletscherstrom auf Sewernaja Semlja
(aus: L. KOHL-LARSEN, Arktisfahrt des „Graf Zeppelin", Berlin 1931).

laufenen Fahrt nach Sewernaja Semlja und zurück verläuft
die zweite Fahrt zum Pol mit einem sehr tragischen Ende.

Die Fahrt geht zunächst zum Kap Bridgman in Grönland und von dort
zum Pol. Auf der Rückfahrt, kurz vor Spitzbergen, wird die „Italia" plötzlich, wahrscheinlich infolge von Vereisung, auf das Eis heruntergedrückt.
Beim Anprall auf das Eis reißt die Führerkabine mit 10 Insassen ab, der
Ballon mit 6 Mann Besatzung aber schnellt in die Höhe und verschwindet
in östlicher Richtung. Durch Funk wird der Welt von der Katastrophe Mit-
teilung gemacht und eine große, aber planlose internationale Rettungsaktion
in die Wege geleitet. Die Lage wird noch dadurch erschwert, daß während
dieser Aktion R. AMUNDSEN auf einem Flug mit fünf Gefährten ertrinkt.
Es beteiligen sich bei der Hilfeleistung für die „Italia" insgesamt etwa
16 Schiffe, 21 Flugzeuge und einige Schlittenabteilungen mit rund 1500 Mann.
Die tatsächliche Hilfe wird aber, ausgenommen diejenige des Leutnants

142

LUNDBORG, der NOBILE abholt, nur durch den Eisbrecher „Krassin" unter
der Leitung von R. SAMOILOWITSCH und das Flugzeug von TSCHUCH-
NOWSKI gebracht.

Sowohl auf der „Norge"-, als auch auf der „Italia"-Fahrt können bereits
die Physiker F. MALMGREN und Fr. BĚHOUNEK eine Reihe von Beobachtungen anstellen.

In höherem Maße erweist sich die Verwendungsmöglich-
keit eines Luftschiffes für wissenschaftliche Messungen auf
der erfolgreichen Fahrt des „Graf Zeppelin" 1931. Die Fahrt
wird von der Internationalen Gesellschaft „Aeroarctic" organisiert und von H. ECKENER durchgeführt. Ein internatio-

Abb. 53. Taimyr-Halbinsel. Abgerundete Gipfel der Urwanzew-Gebirgskette
(aus: Ergänz.-Heft 216 zu „Pet. Mitt.", 1935).

naler Stab von 10 Gelehrten führt während der Fahrt aerologische, erdmagnetische u. a. Beobachtungen sowie photo-
grammetrische Aufnahmen aus (s. Abb. 52 bis 54).

Das Luftschiff „Graf Zeppelin" startet am 24. Juli 1931 in Friedrichs-
hafen und fährt über die Zwischenlandeplätze Berlin und Leningrad über
Archangelsk nach Franz Joseph-Land. Hier, in der Tichaja-Bucht, wird
am 27. Juli eine kurze Wasserung ausgeführt, um Post mit dem Eisbrecher
„Malygin" auszutauschen (s. Abb. 46). Dann steuert man gegen Sewernaja
Semlja, zieht eine Schleife über diesen Inseln, fährt weiter über Kap Tscheljuskin und dem Taimyr-See bis zur Dickson-Insel. Die Kara-See wird überflogen und die Nordspitze von Nowaja Semlja erreicht. Von hier aus geht
die Fahrt in südlicher Richtung zur Kolgujew-Insel, nach Archangelsk und
direkt nach Berlin, wo am 30. Juli gelandet wird (s. Tafel II).

Als großartiger Vorstoß gegen den Pol muß zweifellos die 1937 stattgefundene SCHMIDT-PAPANIN-Expedition bezeichnet werden. Sie setzt sich aus zwei großen Unternehmen zusammen: 1. aus dem *Transport einer kompletten Beobachtungsstation* mit einer Besatzung von 4 Mann und Ausrüstung für 3 Jahre (insgesamt über 10 t Gewicht) von Moskau zum Pol und 2. aus der *Tätigkeit dieser Station* auf der Eisscholle während der 274 tägigen Drift (s. Tafel II).

Abb. 54. Norden der Taimyr-Halbinsel
(aus: Ergänz.-Heft 216 zu „Pet. Mitt.", 1935).

Um dieses zu bewerkstelligen, starten am 22. März in Moskau vier 4-motorige Maschinen mit insgesamt 43 Insassen. Nach Zwischenlandungen bei Archangelsk, in Marjan-Mar, auf Nowaja Semlja, in Tichaja-Bai und auf Kronprinz-Rudolf-Land im Franz Joseph-Archipel überfliegen die Flugzeuge den Pol und landen wohlbehalten eines nach dem anderen in der Zeit vom 21. Mai zum 5. Juni auf einem mehrjährigen Packeisfelde unter 89° 26′ n. Br. und 87° w. L.[1]). Hier versammeln sich gleichzeitig 42 Menschen, die 13 Zelte aufschlagen und die Polstation für die PAPANIN-Gruppe errichten (s. Abb. 55). Ferner wird gleichzeitig der Flugplatz für den Rückflug ausgebaut. Am 6. Juni sind alle Arbeiten beendet und es findet der Start der 4 Maschinen nach Moskau statt[2]). Die Flugzeuge fliegen mit Zwischenlandungen nach Amderma, wechseln hier die Kufen gegen Räder aus und landen am 25. Juni wohlbehalten auf dem Moskauer Flugplatz.

[1]) Auch in diesem Falle kann nicht vom Polerreichen gesprochen werden, da die Entfernung davon noch immer 34 sm oder 63 km betrug. Also am Pol hat bis jetzt noch niemand gestanden!

[2]) Eine Maschine blieb auf Franz Joseph-Land zurück, um gegebenenfalls der Polstation zu Hilfe zu kommen.

144

Was nun das zweite Unternehmen anbetrifft, so richten sich die ausgesetzten J. PAPANIN (Leiter), P. SCHIRSCHOW (Hydrobiol.), E. FEDOROW (Physik.) und E. KRENKEL (Funker) auf der Eisscholle häuslich ein und beginnen ihre Beobachtungen. Vom ersten Tage an wird eine Eisdrift in der Richtung zum Atlantik festgestellt. Während der 274 tägigen Eisdrift wird diese Station an die Ostküste Grönlands gebracht und bei 70° 54′ n. Br. und 19° 48′ w. L. am 19. Februar 1938 durch den Eisbrecher „*Taimyr*“ abgeholt. Es ist beachtlich, daß ihre Fahrt dort abgebrochen wurde, wo 1869 die „*Hansa*“ ihre Drift begonnen hatte (s. S. 86).

Der Verlauf der „*Sedow*“- und *Papanin-Station-Drift* hat im vollen Maße die Feststellungen NANSENS bestätigt, daß 1. die Ostwest-Eisdrift ein Ergebnis der herrschenden Winde ist und 2. ihre Geschwindigkeit etwa 50 mal

Abb. 55. Die driftende Polstation im Schmelzwasser im Juli 1937, etwa 200 km vom Pol entfernt (aus: „Arbeiten der driftenden Station Nordpol“, Bd. I, Moskau 1940).

kleiner ist als die Stärke des Windes, wobei die Richtung infolge der Erdrotation um 30 bis 40° nach rechts abgelenkt wird. Die konstruierten Karten über die tägliche Verteilung der Depression über der Arktis haben gezeigt, daß nach der Lage der Isobaren (Linien gleichen Druckes) zu jeder Zeit am beliebigen Ort des Polarbeckens die Richtung und Geschwindigkeit der Eisdrift geschätzt werden könne, was für die Eisprognosen von Bedeutung ist. Sie loteten auch im Zentralbecken Tiefen zwischen 2800 und über 5180 m, die in die Ermittlungen von NANSEN und WILKINS (5440 m) hineinpassen.

Weitere Vorstöße in die Innerarktis werden zunächst auf dem Luftwege unternommen, und zwar im Sommer 1937 drei

Nonstopflüge (s. Taf. II) von Moskau aus längs der sog. Stalin-Trasse"[1]) nach USA.

Es sind: die Flüge von W. Tschkalow und M. Gromow mit je zwei
Begleitern auf einer einmotorigen Maschine vom Typ Ant 25. Der erstere
erreicht in 63 Stunden 25 Minuten Portland in USA., der zweite in 62 Stunden
17 Minuten San Jacinto in Kalifornien, indem er eine Strecke von über
10 000 km zurücklegt und einen *Langstreckenweltrekord* aufstellt. Als dritter
startet in Moskau zum Nonstopflug nach Fairbanks in Alaska S. Lewanewski mit 5 Begleitern auf einer 4motorigen Maschine (35 t). Von ihm
wird aber am 13. August nur die einzige Nachricht erhalten, daß nach dem
Überfliegen des Pols der rechte Motor ausgefallen ist . . .

Es wird von Amerika und auch vom Franz Joseph-Land
aus die Suche nach Lewanewski mit Flugzeugen angestellt,
die Spitzenleistungen der Fliegerei vollbringen, aber zu keinem Erfolg führen.

In erster Linie sind es zehn von H. Wilkins mit dem Piloten Hollick-
Kenyon im August, September und Dezember bei Mondbeleuchtung unternommene Flüge von Coppermine bzw. von Aklavik in Nordamerika aus.
Sie suchen vergeblich das Gebiet im Sektor zwischen 100° und 150° w. L.
bis etwa 87° 15′ n. Br. nach den Verschollenen ab (s. Taf. II). Ferner ist der
beachtenswerte 10stündige Flug zur Suche nach Lewanewski von M. Wodopianow am 7. Oktober 1937 zu nennen, der sich von Franz Joseph-Land
über den Pol hinaus bis 87° n. Br. und zurück erstreckte.

Als letzte Flugexpedition ist die vom Frühjahr 1941 mit
einer viermotorigen Maschine unter Leitung von Tscherewitschnyj (Pilot) und Teilnahme von Tschernigowskij
(Ozeanogr.) und Ostrekin (Phys.) zu nennen. Sie unternehmen von Wrangel-Insel aus drei Flüge in das Dreieck des
Nordpolar-Meeres zwischen 81° 17′ n. Br. u. 180° ö. L., 79° 54′
n. Br. u. 169° 48′ ö. L. und 78° 27′ n. Br. u. 177° ö. L.

Hier landen sie an vier Stellen auf dem Eise und nehmen ozeanographische
Messungen vor, wobei Tiefen 1856, 2427, 2647 und 3431 m ermittelt werden
und eine warme (bis $+ 0,7°$ C) Zwischenschicht von 600 m festgestellt wird.

Es müssen hier noch folgende 6 beachtenswerte Flüge
(s. Taf. II) genannt werden.

1. Von Wilkins und Eielson (1928) von Kap Barrow über das Polarmeer nach Spitzbergen; 2. von Schestakow (1929) von Moskau über Aleüten
nach Seattle; 3. Molokows Rundflug (1935) mit vier Begleitern von Kraßnojarsk aus und zurück über Jakutsk, Uélen, Bären-Inseln und Igarka;
4. Molokows Rundflug (1936) mit sieben Begleitern von Kraßnojarsk nach

---

[1]) Der Weg von Moskau nach San Franzisko über den Pol konnte nur
aus Reklameabsichten gewählt werden, da die Route über den Pol bedeutend
länger ist als längs dem *größten Kreise* über Jan Mayen (bzw. Island), Grönland und Kanada, und außerdem auch in jeder Beziehung gefährlicher.

146

Archangelsk über Jakutsk, Kommandoren-Inseln, Uélen, Wrangel-Insel, Tiksi und Dickson-Insel; 5. von LEWANEWSKI (1936) von Los Angeles nach Moskau und 6. Nonstop-Flug von TSCHKALOW (1936) mit zwei Begleitern von Moskau über Franz Joseph-Land, Sewernaja Semlja, Tiksi, Petropawlowsk bis zur Notlandung in der Amurmündung.

Vorstoß mit dem Unterseeboot.

Im Jahre 1931 wurde von H. WILKINS der erste Versuch gemacht, mit U-Boot in das Nordpolar-Meer einzudringen.

Unter Kapitän DANENHOFER steuert WILKINS mit einem alten amerikanischen U-Boot „*Nautilus*" von Spitzbergen aus nordwärts bis zum Packeisrand auf $81°59'$ n. Br. und $17°30'$ ö. L. Es wird versucht zu tauchen, aber das U-Boot wird beschädigt, und so schiebt man wenigstens das Boot unter eine große Eisscholle. Die Weiterfahrt wird längs der Eiskante an der Oberfläche in westlicher Richtung bis $80°12'$ n. Br. und $1°30'$ w. L. durchgeführt; schließlich kehrt das Boot nach dem Eisfjord in Spitzbergen zurück.

Obwohl eine eigentliche Untereisfahrt nicht stattgefunden hat, wurde doch großes ozeanographisches Material durch die an der Expedition beteiligten H. U. SVERDRUP, F. M. SOULE und B. VILLINGER mitgebracht.

Aus dieser Übersicht, die kurzgefaßt beinahe sämtliche bekannten Vorstöße in die Innerarktis enthält, ist zu ersehen, daß die Menschen in diesem Gebiet nur an wenigen Stellen und nicht am Pol selbst mit „Füßen gestanden" haben, und trotzdem sind wir imstande, uns über die Form des Zentralbeckens durch ihre Lotungen ein allgemeines Bild zu machen.

Die *Flüge*, die nicht in sehr großen Höhen und nicht im Nebel stattfanden, ließen Schlüsse über die Verteilung von Land und Wasser zu, und aus den *Driftfahrten* der *Schiffe*, der *Papanin-Eisscholle* sowie *Driftrouten* vieler *Bojen*[1]), die in der Beaufort-See und in den eurasiatischen Randseen ausgesetzt und an den verschiedenen Küsten des Nordatlantik gefunden waren, konnte in großen Zügen das Strömungssystem an der Oberfläche erkundet werden. Bis jetzt wurde immer nur festgestellt, daß Gegenstände, die aus den Randgewässern in das Zentralbecken drifteten, nach einiger Zeit sich im Atlantik vorfanden, wohin sie durch eine *Ostwestströmung* mit den Eismassen verfrachtet wurden. Hier liegt auch die Ursache, daß die Innerarktis nicht gänzlich vereist. Es wird jetzt auch

---

[1]) Als Boje wird gewöhnlich ein Holzklotz in Form eines Zylinders mit abgerundeten Enden gebraucht, in dem in einem verlötbaren Rohr ein Zettel mit Angabe des Ausgangsortes der Boje und der Anschrift, an die der Finder Meldung zu erstatten hat, eingelegt wird.

begreiflich, warum alle früheren Versuche der Seefahrer, aus dem Atlantik den Weg über das Eismeer nach Indien zu finden, fehlgeschlagen sind. Sogar in unserer Zeit konnte bis jetzt der stärkste Eisbrecher nordwärts von Spitzbergen nicht über 81° 47′ n. Br. durchkommen. Auch wird es erklärlich, warum gerade umgekehrt *alles, was in das Packeis des Zentralbeckens gelangt, nach einiger Zeit durch das Ausfallstor zwischen Grönland und Spitzbergen in den Atlantik verfrachtet wird.*

VII. Die Arktis als Verkehrsraum.

Den ersten Anstoß, den Weg nach Indien über das Nordpolar-Meer zu suchen, gab die im Jahre 1493 vom Papst ALEXANDER VI. erlassene Bulle *Linea de Mercation*. Sie teilte die Welt zwischen Spanien und Portugal derart ein, daß dem ersteren die westliche, dem letzteren die östliche Halbkugel als Interessensphäre zufiel. Damit wird ihren Rivalen, den Engländern und Holländern, der Weg nach Indien und China um die Südspitze Afrikas und Amerikas ohne Erlaubnis dieser beiden Länder verboten. Die Blicke der benachteiligten Nationen mußten sich daher nach Norden richten und den Weg in das Gelobte Land über das Eismeer suchen. Man wußte damals nichts von den physikalisch-geographischen Eigenschaften dieses Meeres, man hat aber geglaubt — wie es später RUYSCH und andere Kosmographen auch auf ihren Karten angegeben haben —, daß Eurasien von Amerika durch eine Straße — *Fretum anianum* — getrennt sei.

Nun lag der Gedanke nahe, diese Straße zur Fahrt nach dem Fernen Osten zu benutzen. So konnte um 1498 der Genuese GIOVANNI CABOTO, der in englischen Diensten den Namen JOHN CABOT annahm, den Plan fassen, unter Benutzung der Kugelform der Erde eine Umsegelung Amerikas bzw. Eurasiens über das Nordpolar-Meer, nämlich eine *nordwestliche* bzw. *nordöstliche Durchfahrt* zu versuchen. Aber bald danach trat in England auch ROBERT THORNE (1527) mit dem Vorschlag auf, den Weg nach China längs den Küsten Sibiriens zu suchen. Er stützte sich auf die Angaben,

die in dem 1525 in Rom erschienenen „*Libellus*" von JOVIUS
enthalten waren und die Behauptung des russischen Gesandten am römischen Hof, GERASSIMOW, wiedergaben, daß
man nach China gelangen könne falls man über das Meer
segelt, das die Nordküsten Rußlands umspült.

Wie wir schon gesehen haben (s. S. 123—128), fanden von
Anfang des 16. bis zur Mitte des 19. Jahrhunderts ener-
gische Versuche statt, auch die *Nordwestpassage* zu bezwingen. Dabei erwies es sich nach ungeheuren Strapazen und
Opfern, daß diese Trasse nur ganz beschränkt benutzbar ist.

Abb. 56. Ein altrussisches Fangschiff („Lodja") aus dem 16. Jahrhundert
Begegnung der Russen mit der BARENTS-Expedition (aus: DE VEER, „Dia-
rium nauticum", Amsterdam 1598).

Ähnlich verhielten sich die Dinge auch an der *Nordostpassage*. Hier haben
sich Engländer und Holländer, auch einzelne Dänen beworben, aber alle mit
negativem Erfolg. Nur einer Expedition, der von OLIVIER BRUNNEL, die
für die Moskauer Kompanie segelte, gelang es, bis in die Ob-Mündung zu
kommen. Alle anderen Vorstöße endeten schon bei Nowaja Semlja. Von etwa
zwei Dutzend dieser Expeditionen wollen wir hier die wichtigsten erwähnen.
Die erste von ihnen, die englische Expedition unter HUGH WILLOUGHBY
(1553—1554) wird gezwungen, auch als erste in der Polargeschichte, in der
Arktis zu überwintern, und zwar an der Nordküste von Russisch-Lappland.
Das Fehlen jeglicher Vorbereitung und die mittelalterliche Angst vor der
Polarnacht kostet der ganzen 64köpfigen Besatzung das Leben! Die RICHARD
CHANCELLOR-Expedition, die gleichzeitig mit WILLOUGHBY aufbricht, hat

mehr Glück. Sie segelt bis in den Dwinastrom hinein und knüpft Handels-
beziehungen mit Moskau an. Unter den holländischen Reisen ist die Expedition unter HEEMSKERCK, RIJP und WILLEM BARENTS (1596—1597)
besonders erwähnenswert. Sie erringt, wie wir schon wissen, den Ruhm,
Spitzbergen und die *Bären-Insel* entdeckt zu haben. Ferner umsegelt sie
Nowaja Semlja von Norden und überwintert im Eishafen (s. S. 102).

Aus allen Berichten der Seefahrer auf der Nordostpassage
kann man ersehen, daß die russischen Handels- und Fang-
leute mit ihren kleinen Fahrzeugen den Weg in die Ob-
Mündung schon gut gekannt und benutzt haben (s. Abb. 56).
Daher muß doch, trotz aller Mißerfolge der Engländer, Holländer und später auch der Dänen, auf irgendeine Weise ein
Warenaustausch zwischen Europa und Westsibirien stattgefunden haben. Sonst hätte man es nicht nötig gehabt, an
den Einfahrtsstraßen in die Kara-See Zoll- und militärische
Kontrollposten zu halten. Da aber auch diese Maßnahme anscheinend ihr Ziel nicht erreichte, wurde 1620 den Russen
das Reisen in die Ob-Mündung und zur Stadt *Mangaseja* bei
Todesstrafe verboten. Somit hat mit dem Jahre 1620 das
Reisen auf der Nordostpassage sein Ende gefunden. 250 Jahre
vergehen, ohne daß ein Handelsschiff die karischen Gewässer
besucht. Nach dieser Zeit, als auch schon der Suezkanal erbaut worden war, wird statt der *Nordostpassage* nach Indien
das Problem des *Nordsibirischen Seeweges* in die Mündungen
der sibirischen Flüsse aufgeworfen.

A. Nordsibirischer Seeweg (Nordostpassage).

Die jahrelange Pionierarbeit zur Wiederaufnahme der Seereisen nach Sibirien wird hauptsächlich von den sibirischen
Großkaufleuten M. K. SIDOROW und A. M. SIBIRJAKOW gefördert. Dank ihren Bemühungen ist 1874 die erste Reise
eines Handelsdampfers unter Kapitän I. WIGGINS in die
Ob-Mündung und im nächsten Jahre die von A. E. NORDEN-
SKJÖLD in die Jenissej-Mündung zustande gekommen. Es
folgen auch weitere Reisen von Handelsschiffen, aber sie
gehen alle nicht weiter als bis zur Jenissej-Mündung. Erst
A. E. NORDENSKJÖLD führt im Jahre 1878, unterstützt vom
SCHWEDISCHEN KÖNIG und von SIBIRJAKOW, die Bezwingung
des Nordsibirischen Seeweges erfolgreich durch. Mit dem

Schiff „*Vega*" braucht er dazu zwei Jahre, mit einer Überwinterung an der Nordsibirischen Küste (s. Taf. II).

Die „*Vega*" verläßt unter dem Kommando von A. L. PALANDER Karlskrona am 22. Juni 1878, passiert am 19. August Kap Tscheljuskin und wird durch die Eisverhältnisse gezwungen, am 28. September in Pitlekai, an der Koljutschin-Bai, den Winterhafen zu suchen. Während der Überwinterung werden kleine Schlittenreisen gemacht. Am 18. Juni 1879 verläßt NORDENSKJÖLD Pitlekai und steuert durch die Bering-Straße via Jokohama—Aden—Neapel—Falmouth nach Stockholm, wo er am 24. April 1880 feierlich empfangen wird. Gleichzeitig mit der „*Vega*" fährt unter dem Kommando von C. JOHANNESEN auch die „*Lena*", die ihr Ziel — die Lenamündung und Jakutsk — in denselben Jahren glücklich erreicht.

Bis zum Ausbruch des Weltkrieges fanden fast jährlich Handelsreisen zu den Mündungen vom Ob und Jenissej statt. Die natürlichen und die Verkehrsverhältnisse Westsibiriens sind insofern günstig, als die Mündungen seiner Flüsse relativ unweit von den größten atlantischen Häfen liegen (London etwa 2400–2500 Seemeilen) und die Mittelläufe dieser Flüsse von der sibirischen Eisenbahn überschritten werden.

Der Ob entspringt im mittleren Asien und bewässert mit seinen Nebenflüssen ein Areal von etwa 3,2 Mill. qkm. Er ist mit Ausnahme des Oberlaufes schiffbar, in einer Länge von etwa 3790 km. An der Mündung hat er aber eine Schwelle von etwa 2,5 m Tiefe. Sie stellt eine Schranke für die Seeschiffe dar. Daher mußte ein Umladehafen geschaffen werden. Zuerst war es die *Nachodka-Bucht* und später *Nowyj-Port*.

Der Jenissej entspringt in dem an Mineralschätzen reichen Urjanchai-Gebiet in China und bewässert mit seinen Zuflüssen ein Areal von etwa 2 Mill. qkm. Seine Länge beträgt 3670 km. Der Strom ist bis zur Mündung tief und breit, so daß Seeschiffe bis 6 m Tiefgang über 1000 km stromaufwärts fahren können. Die ersten Schiffe haben ihre Ladungen an der *Dickson-Insel* oder südlicher davon gelöscht; später wurden *Port-Ust-Jenissejsk* und in neuester Zeit *Port-Igarka* erbaut.

Der Verkehrsring in Westsibirien, bestehend aus See-, Fluß- und Eisenbahnstraßen, würde somit geschlossen sein, wenn die Tonnage der Flußflotte des Ob und des Jenissej den Anforderungen der fortschreitenden kulturellen Entwicklung Westsibiriens nur im geringsten entsprechen könnte. Was die navigatorische Seite anbelangt, so wurden schon vor dem Weltkriege notdürftige Vermessungsarbeiten ausgeführt und vier Wetterstationen mit Funkmeldung – am Jugor-Schar, in der Kara-Straße, auf der Jamal-Halbinsel und auf der Dickson-Insel – gebaut. Die Sicherheit der Schiffahrt auf der Trasse war schon vor dem Weltkriege sehr bedeutend.

Die Sowjetregierung schenkte seit 1920 der Sibirischen Trasse eine besondere Aufmerksamkeit. Sie stellte u. a. stärkste Eisbrecher in den Dienst zur Hilfeleistung der Schiffahrt und konnte dadurch die Zahl der mißlungenen Fahrten auf 0,5 % herabdrücken. Hinzu kommt nicht zuletzt auch die *Anomalie im Eiszustande* infolge der allgemeinen *Erwärmung* im Norden. Der gesamte Verkehr auf dieser Trasse äußert sich folgendermaßen. Während des 60jährigen Zeitabschnittes 1874—1935 sind von Europa nach Westsibirien 467 und in entgegengesetzter Richtung 379[1]), zusammen 846 Fahrten unternommen worden. Davon sind 426 bzw. 367 erfolgreich verlaufen, und nur in 65 Fällen sind die Schiffe durch Eis (38 Fälle) oder durch Havarie (27 Fälle) nicht an ihr Ziel gelangt.

Was nun die gesamte *Transsibirische Seestraße* aus dem Atlantik in den Pazifik anbelangt, so haben die schlechten Erfahrungen der „*Vega*", „*Fram*", „*Sarja*", „*Taimyr*" und „*Waigatsch*" sowie der „*Maud*", die alle mit Ausnahme von „*Fram*" durch das Eis zu je einer, die „*Maud*" sogar zu zwei schweren Überwinterungen auf der Strecke gezwungen waren, keine Aussicht für ihre praktische Verwendung erbracht. Auch spätere Versuche, diese Trasse als Durchfahrt zu benutzen, sind zuerst fehlgeschlagen, wie wir es gleich zeigen werden.

Anders liegen die Dinge an der Nordküste in Ostsibirien, wo die spärliche Bevölkerung am bequemsten nur von Osten her auf dem Seewege und durch die Mündungen von Kolyma und Lena mit allem Nötigen versorgt werden kann. Um dem unlauteren Tausch und Handel seitens amerikanischer Händler und Walfänger, der stets von Alkoholmißbrauch begleitet ist, ein Ende zu machen, wurden bereits 1911 die ersten Handelsdampferrouten zwischen Wladiwostok und den Mündungen von Kolyma und später auch Lena organisiert.

In der Zeitspanne 1911—1932 finden 32 solche Reisen statt. 13 davon erfolgen während einer Saison ohne Überwinterung, 16 mit einer und drei Reisen mit zwei Überwinterungen auf offener See. In späteren Jahren, als die Hilfe der Eisbrecher eingesetzt wird, findet ein regelmäßiger Verkehr auf dieser Strecke statt, wobei auch Fahrten vom Westen um Kap Tscheljuskin herum nach der Lena und Kolyma vorgenommen werden.

Ein besonders lebhafter Betrieb in allen Teilen der sibirischen Seestraße beginnt mit dem Jahre 1933 mit der Gründung der *Hauptverwaltung* für diese Trasse. Man sendet ganze Karawanen von Fahrzeugen nicht nur in die Mündungen der Lena und der Kolyma, sondern es gelingt einzelnen

---

[1]) Ein Teil der Fahrzeuge, nämlich Bugsierer und Flußdampfer, blieb in Sibirien.

Schiffen, von Osten nach Westen die ganze Trasse von Wladiwostok bis Murmansk zu forcieren.

Als erster Frachtdampfer fährt 1932 der „*Sibirjakow*" von Archangelsk ab. Durch Eispressungen verliert das Schiff seine Schraube und erhält noch andere Beschädigungen und muß im Schlepptau nach Jokohama gebracht werden. Die zweite Fahrt, die des „*Tscheljuskin*" (1933—1934), endet mit einer Katastrophe. Das Schiff gerät in der Tschuktschen-See in Eisgefangenschaft und kommt in die Drift, in der es schließlich zerdrückt wird und sinkt. Die Besatzung von insgesamt 104 Personen, mit Ausnahme eines Mannes, rettet sich mit Proviant aufs Eis und wird im April 1934 nach 2 monatigem Zeltleben auf der driftenden Eisscholle von 7 Piloten in 4 Tagen wohlbehalten an Land gebracht. Die dritte Fahrt, die des „*Lütke*" (1934) von Wladiwostok aus, bewältigt zwar die Strecke in 83 Tagen, aber mit einigen Beschädigungen. In den nachfolgenden Jahren macht sich die seit 1920 aufgetretene allgemeine Erwärmung der Arktis auch bezüglich der Eisverhältnisse mehr bemerkbar, und es finden nun erfolgreiche transsibirische Fahrten statt: 1935: vier, 1936: zehn, 1937: zwei und 1939: zehn. Hier muß aber bemerkt werden, daß von 10 Schiffen im Jahre 1936 sechs sich auf der Fahrt von Westen nach der Kolymamündung befanden und wieder nach Westen zurückkehren mußten; aber die sich plötzlich verändernden Eisverhältnisse zwangen diese Schiffe in Wladiwostok Zuflucht zu nehmen. Diese mißlungene Rückreise verschaffte der Statistik sechs „glückliche Durchfahrten". Auch das Jahr 1937 beginnt mit günstigen Eisverhältnissen, aber in der zweiten Hälfte der Navigationsperiode setzen starke Stürme ein und rufen Eispressungen in verschiedenen Abschnitten der Trasse hervor. 42 Schiffseinheiten, darunter fast der ganze im Norden verfügbare Eisbrecherbestand, werden plötzlich durch das Eis lahmgelegt. Viele Schiffe geraten dabei in mehr oder weniger gefährliche Eisdrift. Dazu gehören auch die Schiffe „*Sedow*", „*Sadko*" und „*Malygin*", die in der Nähe der Neu-Sibirischen Inseln in den Eisfang geraten und anfangen, NANSENS „*Fram*"-*Drift* zu wiederholen. Das weitere Schicksal dieser Schiffe wurde bereits im Kapitel VI besprochen (s. S. 138).

Da die Transportpläne des Jahres 1937 infolge der Eiskatastrophe zum größten Teil unausgeführt bleiben und viele Schiffe reparaturbedürftig werden, muß im Jahre 1938 der Schiffsverkehr auf ein Minimum reduziert werden. In den folgenden Jahren werden nach Einführung eines neuen Regimes im Betriebe der Sibirischen Trasse nicht nur Transporte zum Ausbau der Häfen und Wetterstationen vorgenommen, sondern auch ein reger Verkehr von Handelsschiffen bewirkt. Die Anzahl der wissenschaftlichen Expeditionen aber wird stark vermindert.

Werfen wir einen Rückblick auf die Entwicklung der Sibirischen Seetrasse, so sehen wir, daß man vom Mittelalter bis auf unsere Tage auf diese Route stets große Hoffnungen setzte und dabei mit Recht die ersten Mißerfolge der Unkenntnis ihrer physikalischen Verhältnisse zuschrieb. Als man aber später gründlich mit Forschungen begann, entdeckte man gleich in einer Entfernung von etwa 60—80 km nördlich vom Kap Tscheljuskin einen großen Landkomplex — das *Kaiser-Nikolaus-II.-Land* (heute *Sewernaja Semlja*). Diese Inselgruppe stellt am nördlichsten Abschnitt der Trasse *die vierte und schwerste Barriere dar.* Die anderen sind *Nowaja Semlja,* die *Neu-Sibirischen Inseln,* die *Wrangel-Insel.* Jede von ihnen teilt das Küstengewässer in einzelne Meere mit eigenem hydrologischen und z. T. auch klimatischen Charakter, wo Winde und Gezeitenströme von Zeit zu Zeit große Stauungen von Eismassen hervorrufen. Von ganz besonderem Nachteil sind diese Stauungen in der 20—50 m tiefen Küstenzone, wo zum größten Teil die Schiffskurse verlaufen und wo durch das Eis der Meeresboden ständig größeren Änderungen unterworfen wird.

Obwohl die rege Tätigkeit der Sowjetregierung auf der Trasse mit der allgemeinen Erwärmung der Arktis zusammenfällt, können die wesentlichen Eishindernisse auch jetzt nur mit *Eisbrechergewalt* und außerdem nur bis zum bestimmten Grade behoben werden. Eine einigermaßen genügende Sicherheit kann aber bei weitem nicht garantiert werden, wie es uns das Jahr 1937 gezeigt hat, als selbst die ganze Eisbrecherflotte in die Eisgefangenschaft geriet! Bei der Wiederkehr *stärkerer Eisjahre* wird die Sibirische Trasse sogar für Eisbrecher kaum passierbar sein. Ein Beispiel dafür haben wir an den mißlungenen Vorstößen des Eisbrechers *„Jermak"* unter Leitung seines Schöpfers, des Admirals MAKAROW, in den Jahren 1899 und 1901 bei Spitzbergen bzw. bei Nowaja Semlja.

Was nun die wirtschaftlichen Operationen anbelangt, so ist das *Mißverhältnis zwischen dem Nutzen und den ungeheuren Kosten der Schiffbarmachung der Trasse enorm groß.* Nur der Verkehr auf dem westlichen Teil, d. h. auf der Trasse bis in die Mündungen von Ob und Jenissej, ist heute kein Problem mehr und kann, sobald dort der Flußtransport ausgebaut wird, auf eine bessere Zukunft rechnen. Nach der Statistik wird in erster Linie Holz in großen Mengen ausgeführt. Eingeführt werden verschiedene Industriewaren. Der Import schwankte von 1887 bis 1919 zwischen 886 und 18800 t, in der Periode 1921 bis 1934 zwischen 1076 und 20283 t. Daraus ersieht man, daß auch vor der Machtergreifung der Sowjets im Norden, im Notfalle, wie z. B. während des Baues der Sibirischen Bahn, die Seestrecke

stark in Anspruch genommen werden kann. Das wichtigste Problem für die
Sowjetregierung ist die Beschaffung von Valuten, welche in erster Linie nur
über den Export von Holz zu bekommen sind. Daher die rücksichtslose
Raubwirtschaft an den Waldbeständen mit Hilfe von überall errichteten
Strafkolonien (Konzentrationslagern), die sich aus zu *Fronarbeit* verschickten
Bauern, Arbeitern und Intellektuellen zusammensetzen. Was die Einfuhr
auf der östlichen Strecke der Sibirischen Trasse anbetrifft, nämlich der
Strecke: Bering-Straße—Kolyma- bzw. Lenamündung, so besteht sie hier
zum größten Teil aus Materialien für Hafen- und Stationsbauten. Eine
Ausfuhr ist hier fast gar nicht vorhanden. Transitfahrten bezwecken wohl
nur die Überführung der Schiffe selbst von Osten nach Westen oder umgekehrt, und den gelegentlichen Transport von Baumaterialien u. a. Waren.

Aus diesen Erfahrungen läßt sich schließen, daß sogar
während einer günstigen klimatischen Periode *diese Route als
Transitstraße zwischen Osten und Westen niemals eine ökonomische Bedeutung erlangen wird*, wohl aber eine für den
inländischen Küstenverkehr.

Um die Wichtigkeit der ganzen Trasse einzuschätzen, darf
nicht vergessen werden, daß die Schiffahrt auf ihr höchstens
während 2–2½ Sommermonaten möglich ist und daß *zu
ihrer eigentlichen Länge zwischen Nowaja Semlja und der
Bering-Straße von rund 2800 Seemeilen noch etwa 700 Seemeilen von Archangelsk bis Nowaja Semlja und etwa 2600
Seemeilen von der Bering-Straße bis Wladiwostok hinzu-
addiert werden müssen. Ihre Gesamtlänge wird somit *rund
6100 Seemeilen oder 11 300 km sein*. Die Strecke Archangelsk—Wladiwostok *über den Suez-Kanal* würde dagegen zwar
etwa das *Doppelte* ausmachen, aber weit *billiger, schneller*
und zu jeder Jahreszeit ohne Risiko befahrbar sein!

B. Nordwestpassage.

Die Nordwestdurchfahrt aus dem Atlantik in den Pazifik
durch die verzweigten Sunde der Kanadischen Straßen-See
steht in jeder Beziehung hinter der Nordostpassage zurück.
Es ist ein menschenleeres und klimatisch noch weniger begün-
stigtes Gebiet, das bis heute nur durch AMUNDSENs Motorboot „*Gjöa*" (1903–1906) von Osten nach Westen und von
einem Fahrzeug der Hudson-Bai-Gesellschaft „*Aklavik*" (1938)
von Westen nach Osten (s. S. 130) durchfahren wurde. Aber
man braucht dort auch keine Transitroute. Dagegen wird die
Route von Vancouver bzw. von London bis zur Faktorei in

der Peterson-Bai an der King-William-Insel schon seit langem streckenweise von den Schiffen der Gesellschaft befahren. Man schätzt die *Länge der Trasse zwischen der Bering- und Davis-Straße auf etwa 3120 Seemeilen* (= 5770 km).

Die Geschichte der Entwicklung dieser Passage ist bereits im Kapitel VI wiedergegeben worden. Nicht unerwähnt soll noch die folgende Route nach Nordkanada bleiben, die HUDSON vor 330 Jahren befahren hat. Es ist die über die Hudson-Straße bis zu dem vor zehn Jahren eröffneten Port Churchill an der Hudson-See. Sie ist mit der kanadischen Hauptmagistrale durch eine Eisenbahn verbunden. Auch die Küsten der Hudson-See und -Straße sind mit Wetter-, Radio- und Flugstationen ausgebaut. Hinsichtlich der Ausfuhr von Weizen und Erzen steht dieser Route eine große Zukunft bevor.

C. Luftverkehr.

Als *Verkehrsraum* eignet sich die Zentralarktis wegen ihrer Lage und ihres Eiswüstencharakters für den Luftverkehr zwischen der Alten und der Neuen Welt besonders gut.

Der von HERGESELL 1907 ausgesprochene Gedanke, Zeppelinluftschiffe für geographische Forschungen einzusetzen, fand die größte Befürwortung NANSENs, der das Luftschiff besonders für die Polarforschung warm empfahl. Es kam auch bald (1910) die Reise der Zeppelin-Kommission nach Spitzbergen zustande (s. S. 97), und schon nach dem Weltkriege, als die Luftfahrttechnik große Erfolge gezeitigt hatte, wurde (1924) unter dem Vorsitz von FRIDTJOF NANSEN die *Internationale Gesellschaft „Aeroarctic"* gegründet. Ihr oblag die Erforschung der Arktis mit Luftfahrzeugen zwecks Ausbaues eines Luftverkehrs über der Arktis (vgl. S. 47).

Auch mitten im Polarmeer, auf Packeis sollten Beobachtungsstationen zur Ausführung ozeanographischer u. a. Messungen ausgesetzt werden. Die Gesellschaft brachte im Sommer 1931 eine Arktisfahrt mit dem „*Graf Zeppelin*" (s. S. 143) zustande, an der sich Gelehrte aus mehreren Ländern beteiligten. Die „*Aeroarctic*" zählte etwa 400 Mitglieder aus 22 Staaten und gab 1928—1931 die Zeitschrift „*Arktis*" heraus. Später erschlaffte ihre Tätigkeit, und Anfang 1937 wurde sie aufgelöst.

Verkehrsfahrten über dem Polargebiet fanden bis heute nicht statt, aber es wurde eine ganze Reihe von Überquerungen dieses Gebietes mit Flugzeugen und Luftschiffen (mit letzteren nur bei geeignetem Wetter) durchgeführt. Darüber ist schon gesprochen worden. Hier wollen wir auf Grund der gemachten Erfahrungen auf die Hauptschwierigkeiten der Luftfahrt in die Arktis hinweisen.

Die erste Frage ist die der *Navigation*. Solange die Sonne sichtbar ist, wird am besten der *Sonnenkompaß* benutzt. Die *anderen Kompasse* leisten in diesen Breiten wenig Hilfe, da bei der Annäherung an den magnetischen Pol mit dem Versagen des *Magnetkompasses*, bei der Annäherung an den astronomischen (geographischen) Pol mit dem Ausfall des *Kreiselkompasses* zu rechnen ist. Ein weiteres sehr wichtiges Problem ist die *Landung* bzw. die *Wasserung*. Der zum Landen in Frage kommende Boden besteht über dem Meer aus großen Eisfeldern oder einzelnen Eisschollen mit Rinnen und Waken dazwischen, deren Oberfläche nicht selten holprig oder mit aufgetürmten Eisschollen bedeckt ist. Die Polareilande sind meist gebirgig und mit Gletschern oder Landeis bedeckt. Dabei liegt im Sommer häufig bis zum Boden dicker Nebel. Zu einer anderen Jahreszeit, wenn der Boden mit Schnee bedeckt und der Himmel so stark bewölkt ist, daß das diffuse Licht keine Schatten wirft, kann die Horizontale überhaupt nicht wahrgenommen werden: Erdboden, Luft und Himmel lassen sich voneinander nicht mehr unterscheiden. Noch schlimmer ist es, wenn Schneefall dazukommt. Der Pilot kann unter solchen Verhältnissen den Boden nicht finden. Ein weiteres Hindernis für die Luftfahrt in der Arktis ist die *Vereisungsgefahr* in der Luft, ein Problem, mit dem auch das moderne Flugzeug noch heute zu kämpfen hat.

In den Gegenden von Grönland und Nowaja Semlja bieten ferner die *Föhne* große Gefahren für die Luftfahrt; an der nordostasiatischen Küste kommen *Wirbelwinde* (*Taifune*) vor. Bei schlechter oder nicht vorhandener Sicht helfen zu einer Notlandung weder Blindflug-Instrumente noch Radiopeilungen. Besonders schwer, wenn nicht unmöglich, wird unter solchen Umständen die Landung eines Luftschiffes sein. Man muß daher zugeben, daß beim heutigen Stand der Landungstechnik die Luftschiffe in dem Verkehr über der Arktis schwerlich Verwendung finden können.

D. Unterseeverkehr.

Als *Verkehrsraum für Unterwasserfahrzeuge* eignet sich das *zentrale tiefe Wasserbecken* der Arktis in bestimmten Grenzen weit mehr als der Luftraum. Im tiefen Nordpolar-Meer findet der Seefahrer ein ruhiges Wasser von einer Temperatur zwischen $\pm 0{,}0°$ und $-1{,}4°$ C, keine tiefsitzenden Eisberge und vorwiegend eine fast glatte Unterseite der Eisfelder. Nur an den Stellen, wo Eispressungen stattgefunden haben, sind die Eisschollen tief unter die Oberfläche gedrückt. Dagegen begegnet das U-Boot über dem Kontinentalschelf bei Tiefen von 50—20 m den größten Hindernissen und Gefahren seitens der bei den Eispressungen bis auf den Grund stoßenden Eismassen. In diesem Falle müßten Passagiere in Küstennähe ausgesetzt und mit Flugzeug weiterbefördert werden. Ein solches Verfahren würde aber, neben der schon sowieso langsamen Fahrt unter Wasser, diese Reiseart sehr benachteiligen.

Die wesentlichste Unterwasserroute müßte aus dem Atlantik zur Bering-Straße führen. Jedoch gerade vor der Bering-Straße würde das Fahrzeug auf weit nordwärts reichende Untiefen und sehr starke Eisstauungen stoßen! Daher wird wohl das U-Boot nicht für den *transarktischen Verkehr*, sondern nur für *wissenschaftliche Forschungen* und hierfür sogar mit sehr großem Erfolg seine Verwendung finden[1]). Es muß aber am Turm des Fahrzeuges eine Vorrichtung vorhanden sein, die es nach Belieben ermöglicht, an der Unterseite des Eisfeldes sich festzumachen und durch ein ins Eis gebohrtes Loch die Insassen an die Oberfläche gelangen zu lassen. Bei solcher Konstruktion wird das Boot in der Lage sein, auch als *Fixstation* an beliebiger Stelle des Polar-Meeres eine Zeitlang zu verweilen. Es braucht nur dazu von Zeit zu Zeit, je nach der Driftrichtung des Eisfeldes, an dem es sich verankert hat, seine Lage zu wechseln.

VIII. Ziele und Methoden der Forschung.

Wie wir schon gesehen haben, waren die treibenden Momente beim Vordringen in die Nordpolargebiete nicht etwa wissenschaftliche Interessen, wie es in der Antarktis der Fall war, sondern sie waren rein praktischer Natur. Zuerst kamen die Raubzüge der Wikinger, dann im Mittelalter – das Suchen nach den Wegen in die Gelobten Länder Indien und China. Diese letzten Seereisen gelangten zwar nicht ans Ziel, aber sie zerstreuten sehr viel vom mittelalterlichen grauenvollen Dunkel der Polarwelt und offenbarten dem Menschen

---

[1]) Die „*Nautilus*"-*Expedition*, der ein ganz altes, ungeeignetes U-Boot zur Verfügung stand, hat nur einen schwachen Versuch gemacht, das Boot unter eine Eisscholle zu schieben. Es wurde aber nicht unter dem Eise gefahren (vgl. S. 147).

einen nicht unbeträchtlichen Reichtum der nordischen Gewässer – einen Reichtum an nützlichem Seegetier. Sie schufen die Anfänge zu Walfang, Robbenschlag und Hochseefischerei. Auch die territorialen Erschließungen, die in Sibirien Ende des 16. Jahrhunderts und in Nordamerika ein Jahrhundert später begannen, wurden ebenso wie der Drang nach Osten über das Meer in der Hauptsache durch die Jagd nach Mode- und Luxusartikeln, wie Tierfelle, Mammutelfenbein, Erze u. a. hervorgerufen (Abb. 57).

Abb. 57. Mammutelfenbein von der Nordküste Sibiriens
(aus: R. AMUNDSEN, „Nordostpassagen", Christiania 1921).

Wie wenig man damals das Land schätzte und den Hauptwert auf Mode- und Luxusgegenstände legte (heutzutage kommen hinzu: Erze, Kohle, Erdöl, Kautschuk usw.), läßt sich aus den Berichten einer vor etwa 200 Jahren stattgefundenen Friedenskonferenz zwischen Engländern und Franzosen (1763) ersehen. Nur auf die starke Befürwortung seitens BENJAMIN FRANKLINs hin gab England nach und begnügte sich statt der stark begehrten Zuckerinsel Guadeloupe mit dem armseligen „Kanada, wo es zwar etwas Pelze und auf der Neufundlandbank auch Kabeljau gäbe!" Ebenso war es 100 Jahre später (1867), als es den Amerikanern zu teuer schien, für einen „Klumpen Eis" — Alaska — 7 200 000 Dollar zu bezahlen. Zustande gekommen war aber diese politische Transaktion nur aus Dankbarkeit gegenüber Rußland, das während des amerikanischen Bürgerkrieges (1861 bis 1865) die USA. besonders nachhaltig unterstützt hatte. Was aber diese Länder — Kanada und Alaska — wert sind, dazu braucht man keine Kommentare!

Auch bei späteren Entdeckungen kleiner Eilande trachtete man nicht vorwiegend nach Besitznahme. So hat Österreich

keine Ansprüche auf das von ihm durch PAYER und WEY-
PRECHT entdeckte Franz Joseph-Land und Holland auf das
durch WILLEM BARENTS entdeckte Spitzbergen gestellt. Erst
in unserer Zeit fängt man an, sich für die Polargebiete nicht
allein aus wissenschaftlichen und wirtschaftlichen, sondern
auch aus politischen Gründen in nicht geringem Maße zu
interessieren.

So findet in Christiania 1912 das erste erfolglose und 1914 das zweite durch
den Ausbruch des Weltkrieges gestörte Pourparler um die *Rechtsstellung Spitzbergens* statt. Entschieden wird diese Frage zugunsten Norwegens erst durch
das Versailler Diktat. — *Kanada* bestimmt 1925 seine territorialen arktischen
Grenzen auf folgende Weise: im Westen durch den Meridian 141° w. L. und
im Osten durch den Meridian 60° w. L. und durch eine fortgesetzte Linie
inmitten der Baffin- und Labrador-Meere. Auch *Sowjetrußland* beansprucht
für sich 1926 den Polarsektor zwischen 32° 4′ ö. L. und 168° 49′ w. L., wodurch der gesamte Franz Joseph-Archipel in sein Bereich fällt. Durch diese
Teilung wird das Polargebiet in mehrere Sektoren zergliedert. Es entbrennt
1933 auch ein Streit zwischen *Dänemark* und *Norwegen* um die Hoheitsrechte
über die Ostküste Grönlands, der durch den Ständigen Gerichtshof zu Haag
zugunsten Dänemarks entschieden wird.

Was die Forschungsreisen anbelangt, so werden diese überall entweder auf Staatskosten oder aus Privatmitteln bestritten.
Nur in Sowjetrußland werden alle Forschungen vom Staate
finanziert und auch für politische Propagandazwecke ausge-
nutzt. Besonders befremdend wirken dabei die ständigen Ver-
gleiche zwischen dem, was „früher" und dem, was „jetzt", zur
Sowjetzeit, geleistet wird, die sich als roter Faden durch alle
Berichte ziehen.

Die geschichtlichen Geschehnisse können nicht mit unserem heutigen kulturellen und technischen Maßstab gemessen werden. Zu Anfang der Polarforschung standen ihr nur Hunde- und Segelkraft zur Verfügung, heute:
Eisbrecher, Luftfahrzeuge, Radio und vieles andere. Auch die Ausnutzung
der Kraft der Eisdrift hat man erst jetzt kennengelernt. Die Polarforschung
war damals auch nicht so dringend nötig. Und trotzdem werden gerade in
Rußland, gleich nach der Eroberung Sibiriens, die einzigartigen BERING-
Expeditionen und anschließend Reisen hervorragender Gelehrter über das
ganze Land durchgeführt. Hinzu kommen Küstenaufnahmen mit groß-
artigen geographischen Entdeckungen und der *Anschluß Westsibiriens* an
die europäische Kulturwelt durch den *Sibirischen Seeweg*. Die Sowjetregierung erbte ferner vom Zaren neben tüchtigem *wissenschaftlichem* und *seemänni-
schem Personal* auch einen Plan für den weiteren Ausbau der Sibirischen
Trasse sowie das Instrument dazu — *den Eisbrecher*, ja selbst eine ganze
Eisbrecherflotte. Außerdem fand sie die *Sibirische Eisenbahn* vor, welche
nicht nur bis Wladiwostok, sondern auch durch die Mandschurei ging, die
sie aber nicht zu behalten imstande war. Auch die *ersten vier Radiowetterstationen* im westlichen Teil der Sibirischen Seetrasse waren bereits 1912 bis

1914 erbaut und 1914 die ersten Flüge unternommen. Nowaja Semlja war nicht nur kolonisiert, sondern besaß regelmäßigen Verkehr von Fracht- und Passagierdampfern. Es darf auch nicht vergessen werden, daß die russische Regierung vor dem Weltkriege viel wichtigere Probleme in Sibirien zu lösen hatte als die Kultivierung der Polareinöden. Es wurde auch ohne Reklame gearbeitet. — Darum kann der heute so sehr in Sowjetrußland gepriesene *Heroismus*, z. B. eines an sich tüchtigen PAPANINS *vom Jahre 1937* nicht mit dem *Heroismus* eines NANSENS *vom Jahre 1895* verglichen werden. PAPANIN wird im komfortablen Flugzeug auf seine Eisscholle gebracht und läßt sich von ihr nach Süden verfrachten. Er steht täglich in Verbindung mit der Heimat und lebt ruhig im Bewußtsein, daß er im Notfalle von Flugzeugen und Eisbrechern abgeholt werden kann. NANSEN dagegen verläßt unter 84° n. Br. sein Schiff und begibt sich ins Ungewisse, ohne die Möglichkeit zu haben, irgendeine Nachricht zu geben oder von irgendwem zu empfangen. Ebenso kann das Verdienst von einer *Überwinterung* auf der heutigen komfortabel eingerichteten Polarstation nicht mit der Überwinterung eines WILLEM BARENTS im Eishafen auf Nowaja Semlja vor fast 350 Jahren verglichen werden [1]). Der Wagemut und die Leistungen von NANSEN und BARENTS waren viel größer als jene der heutigen *Polstürmer* und *Bewohner* der modernen Polarheime. Auch die technischen Erfindungen und Arbeitsmethoden, denen die heutige Polarforschung ihre Erfolge verdankt, sind Errungenschaften der gesamten Kulturwelt, am allerwenigsten jedoch der Sowjetunion.

Setzen wir unsere Betrachtungen der Forschungsmittel und Methoden fort. Die ersten Polarfahrten erfolgten in offenen Wikingerfahrzeugen mit Riemen und einem Schrotsegel (s. Abb. 35, S. 93) sowie in primitiven Holzbooten von verschiedener Größe mit und ohne Deck, mit einem Rahsegel (s. Abb. 56, S. 149). Oft gebrauchte man Segel aus Rentierfellen, Tauwerk aus Leder und Anker aus Holz und Steinen. In Sibirien wurden die Boote klinkerweise gebaut, dabei die Bretter nicht festgenietet, sondern mit Weiden festgebunden.

Die ersten Polarreisen der Engländer u. a. im 16. und 17. Jahrhundert gehen schon mit den weit vollkommeneren *Segelschiffen* vor sich. Ebenso benutzen die ersten wissenschaftlichen Expeditionen und die Franklin-Sucher bis 1829 große Segelschiffe. Von da ab werden auch *Dampfschiffe* in den Dienst gestellt, zum erstenmal von der JOHN ROSS-Expedition der Raddampfer „*Victory*" (1829). Und 1903 gebraucht AMUNDSEN bei seiner Erzwingung der Nordwestpassage zum erstenmal ein *Motorboot*, die „*Gjöa*", und in seiner Polar-

---

[1]) Als auf eine große Ausnahme der jüngsten Zeit muß auf den über 400 tägigen Aufenthalt der drei Gelehrten der ALFRED WEGENER-Expedition in der Gletscherhöhle der *Eismittestation* hingewiesen werden.

expedition 1918—1925 ein *Motorschiff* — die „*Maud*". Aber alle diese Fahrzeuge erweisen sich als viel zu schwach, um in das Polareis einzudringen. Erst 1890 wird durch Admiral MAKAROW ein bedeutender Schritt in der Entwicklung der Eisschiffahrt durch den Bau eines *Eisbrechers* vom „*Jermak*"-*Typ* gemacht (s. Abb. 44). Bald wurde in Rußland eine Anzahl von Schiffen von diesem Typ bis 10000 t Wasserverdrängung mit Maschinen bis 11000 PS in Betrieb genommen[1]). Dem Eisbrecher steht eine große Zukunft bevor, besonders bei Umstellung von *Dampf- auf Ölbetrieb*. Dadurch kann sein Aktionsradius von 7600 bis auf etwa 12000 Seemeilen vergrößert und gleichzeitig seine Besatzung von 130 auf 50—60 Mann verringert werden. Auch das Unterwasserboot, wie es 1901 zuerst für die Polarforschung H. AN-SCHÜTZ-KÄMPFE vorgeschlagen hat, kann in der Arktis eine Anwendung finden, jedoch, wie wir es schon gezeigt haben (s. S. 157), nicht im transarktischen Verkehr, sondern nur als Forschungsschiff.

Es muß noch erwähnt werden, daß bereits Versuche gemacht sind, *unbemannte Wetterstationen* mit Registrierinstrumenten zu verwenden, die durch Akkumulatoren oder durch den Wind betrieben werden. Solche Stationen könnten von großem Nutzen besonders in den schwer zugänglichen Gegenden sein.

Beim Reisen im Norden werden am häufigsten, besonders für Vorstöße gegen den Pol, *Hundeschlitten* gebraucht. Erst W. E. PARRY (1827) und dann wieder A. E. NORDENSKJÖLD (1872) haben zu Polarreisen *Rentiere* ohne sichtlichen Erfolg benutzt. Das gleiche aber gilt auch für die Verwendung von *Ponies*, zum erstenmal 1894 von der JACKSON-Expedition auf

---

[1]) Diese Eisbrecher haben im horizontalen Schnitt eine ellipsoide Körperform, ohne Hauptkiel und ohne Seitenkiele. Der Vordersteven ist schräg abgeschnitten. Beim Anstoßen an eine Eisscholle zerbricht diese oder schiebt sich zur Seite. Beim Anlauf auf ein Eisfeld von 2—3 m Dicke zerbricht der Eisbrecher die Scholle durch sein Schwergewicht. Ist das Eisfeld zu stark, so geht das Schiff zurück und nimmt neuen Anlauf. Setzt sich das Schiff aber auf dem Eise fest, so wird durch Auspumpen von Wasser aus dem vorderen Tank das Schiff erleichtert. Um Seitenbewegungen (Schaukeln) zu ermöglichen, besitzt das Schiff an beiden Seiten Wassertanks, die wiederholt und abwechselnd ein- und ausgepumpt werden. Aus diesem Grunde ist im festen dicken Eis die Arbeit des Eisbrechers zwar möglich, aber sie geht langsam vor sich und kostet sehr viel Kohle. Daher ist sein Aktionsradius im festen Eise verhältnismäßig beschränkt.

Franz Joseph-Land und 1912 von J. P. KOCH auf Grönland. Auch *Propellerschlitten* werden – nach dem Beispiel von R. F. SCOTT in der Antarktis – in der ALFRED WEGENER-Grönlandexpedition 1931 mit Erfolg verwendet (Abb. 58).

Es sind für den Verkehr über dem polaren Gefilde verschiedene Typen von *Motorschlitten, Traktoren, Raupenschleppern, Glisseuren* u. a. Maschinen konstruiert worden, die aber alle nur auf einer mehr oder weniger ebenen Eis- oder Schneeoberfläche Verwendung finden können. Für Herübersetzen über die Waken, Rinnen und Auftürmungen von Eismassen

Abb. 58. Propellerschlitten der ALFRED WEGENER-Grönland-Expedition (aus: ALFRED WEGENERs letzte Grönlandfahrt, Leipzig 1932).

während der Eispressungen hat man bis jetzt noch kein Mittel gefunden, wird aber wohl bald eine Art „*Amphiauto*" erfinden, das nach Art eines Panzerwagens alle Hindernisse, Wasser und zerbrochenes und aufgetürmtes Eis, in gleicher Weise zu nehmen imstande sein wird.

Eine neue Epoche in der Polarforschung ist aber erst seit Zuhilfenahme des *Luftfahrzeuges* in Verbindung mit *Funkmeldung* und *Funkpeilung* angebrochen. Als Vorläuferin auf diesem Gebiete erschien 1897 die unheilvolle ANDRÉE-Expedition mit dem *Luftballon* „*Oernen*" und 1914 die ersten Flüge von I. NAGURSKI an der Westküste von Nowaja Semlja.

Diesen Pionieren folgten andere sowohl mit *Flugzeugen* (AMUNDSEN, BYRD, WILKINS u. a.), als auch mit *Luftschiffen* („*Norge*", „*Italia*" und „*Graf Zeppelin*").

Wie wir schon wissen, haben sich die *Flugmaschinen* bei den arktischen Forschungen gut bewährt und auch in mehreren Fällen über dem Packeis und über offenem Wasser Landungen ermöglicht. Das Flugzeug ist imstande, große Entfernungen zurückzulegen und auch mehrere Passagiere mitzunehmen, aber es eignet sich infolge seiner großen Geschwindigkeit nur für wenige auf dem Fluge mögliche Beobachtungen. Was das *Luftschiff* anbelangt, so dürfte es das geeignetste Forschungsmittel in der Arktis werden, wenn seine Anwendbarkeit nicht in noch höherem Maße als das des Flugzeugs von Landungsmöglichkeit, Bedienungsmannschaft am Lande usw. abhängen würde. Sein Aktionsradius und seine Tragfähigkeit sind sehr groß. Es gestattet, ganze Laboratorien an Bord einzurichten, und während seiner ruhigen Fahrt, deren Geschwindigkeit im gewünschten Falle bis zum Schweben über einer Stelle reduziert werden kann, ermöglicht eine Reihe von exakten Arbeiten. Die Arktisfahrt des „*Graf Zeppelin*" (1931) hat dies besonders bestätigt. Aber bis jetzt sind alle Expeditionen mit Luftschiffen nur im Sommer und bei gutem Wetter verlaufen, wohingegen man mit Flugzeugen auch Winterflüge durchgeführt und viele gelungene Landungen auf der Eisfläche vollzogen hat. Ohne Landung oder Wasserung besteht keine Möglichkeit, Forschergruppen mit Zelten und Ausrüstung auszusetzen, also auch ozeanographische und biologische Beobachtungen anzustellen.

Es wäre hier vielleicht am Platze noch mitzuteilen, daß der erste arktische *Fallschirmspringer* der Mechaniker OSTROÚMENKO ist, der 1935 aus einem Flugzeug der „*Krassin*"-Expedition im Ostsibirischen Meer glücklich absprang.

Obwohl jedes einzelne Reisemittel zum Ziel führt, wird von einer kombinierten Reise mit Schiff und Schlitten oder mit Schiff und Flugzeug mehr Erfolg zu erwarten sein. Dabei wird bei allen Kombinationen von modernsten Transportmitteln das *altbewährte romantische Reisen mit Hundegespann* nie seine Bedeutung verlieren. In ganz besonderem Maße trifft diese Methode für die Antarktis zu. Im Nordpolargebiet unterstützt der Schlittenhund außerdem den Jäger und den Rentierhirt. Er wittert und stellt das Großwild (Robben, Bären, Polarrinder).

Wie die Transportmittel, so sind auch die *Methoden der Vorstöße* sehr verschieden. Die gewöhnlichste Methode besteht darin, daß man mit dem Schiff recht weit nordwärts vordringt, ein Winterlager aufschlägt und im nächsten Sommer oder schon bereits am Ende des Winters mit Schlitten gegen Norden reist. Dieser Methode bedienten sich die meisten früheren englischen und amerikanischen Expeditionen. In letzter Zeit wurde diese Methode mit großem Erfolg dahin erweitert, daß man den an und für sich kleinen Aktionsradius eines Hundegespanns durch Einsetzen von mehreren Hilfsgespannen bedeutend vergrößerte.

Diese haben zur Aufgabe, für die Spitzengruppe einen Zusatz von Lebensmitteln zu transportieren und nach gewissen Reiseabschnitten zu übergeben und dann zurückzukehren. Durch Abschlachten sowohl von schwachen Hunden als auch von Hunden der freigewordenen Schlitten und deren Verfütterung an die Überlebenden (auch Menschen) können weitere entsprechende Mengen an Gewicht erspart und der Hauptgruppe ein bedeutender Vorsprung ermöglicht werden. So hatte Leutnant CAGNI von der italienischen Expedition des HERZOGS DER ABRUZZEN seinen Vorstoß zum Pol in drei Gruppen mit insgesamt 9 Mann, 13 Schlitten und 104 Hunden unternommen; PEARY hat ihn in 5 Gruppen mit insgesamt 27 Mann, 19 Schlitten und 133 Hunden begonnen.

Um mit einem Schiff möglichst weit nordwärts in das Eisgebiet einzudringen, wohin man nicht einmal mit einem starken Eisbrecher durchzustoßen vermag, verfährt man nach NANSENs *Methode*. Man stemmt sich nicht gegen die Naturkräfte, sondern geht mit ihnen zusammen: man nutzt die *Kraft der Eisdrift* aus! Zu diesem Zweck fährt man durch das Eis in nördlicher Richtung so weit wie möglich und läßt dort das Schiff einfrieren und treiben. Man darf aber nicht vergessen, daß zu solch einer Fahrt ein sehr fest gebautes Fahrzeug gehört.

Was nun die *Ausrüstung* und *Verpflegung*, hauptsächlich der Schlittenexpeditionen, anbelangt, so bietet in dieser Beziehung unsere Industrie eine große Mannigfaltigkeit in der Auswahl von Zelten, Schlafsäcken, Kochapparaten, Bekleidungsgegenständen usw. (s. Abb. 59). Unter den Nahrungsstoffen spielen eine große Rolle allerlei Konserven, besonders im konzentrierten Zustande, darunter an erster Stelle der *Pemmikan* — eine Erfindung der Indianer. Er besteht aus gedörrtem, fein zerschnittenem Büffel- oder Rinderfleisch, zerrieben mit Fett. Gewöhnlich wird dem Pemmikan auch Gemüse, Schokolade usw. beigemengt. Auch getrocknete Eier, Milchpulver usw. spielen eine große Rolle in Schlittenausrüstungen. Aber selbst die Methoden der Verproviantierung sind nicht bei allen Forschern die gleichen. Einige von ihnen

(z. B. Cagni, Peary u. a.) starten gut ausgerüstet und kehren „vor dem Hungertode laufend" zum Ausgangspunkt zurück; andere (z. B. Nansen) starten gut mit Lebensmitteln versorgt, brechen aber hinter sich die Brücken ab und marschie-

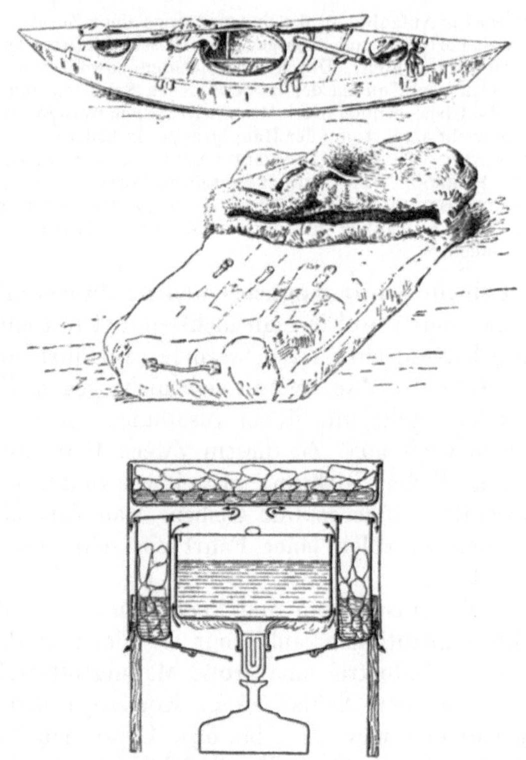

Abb. 59. Ausrüstung für eine Schlittenreise: Kajak, Schlafsack und Koch-apparat (aus: Ludwig Amadeus von Savoyen, „Die I. italienische Nord-polexpedition, Leipzig 1903).

ren zu einer neuen Basis, wobei sie im Notfalle auch „vom Lande leben". Andere wiederum ziehen es vor (z. B. Stefans-son, Hall, Schwatka, Cook), sich selbst in einen Eskimo zu verwandeln und, nur mit Gewehr und Munition ausgerüstet, „*vom Lande zu leben*". Stefansson behauptet so-

166

gar, daß ein guter Jäger durch seine Jagderträge fünf Mann durchhalten könne.

Mit dieser allgemein auf die Arktis angewandten Behauptung kann man sich nicht einverstanden erklären. Und nicht mit Unrecht wurde diese Zumutung STEFANSSONs besonders von AMUNDSEN kritisiert. So sagt AMUNDSEN u. a.: „Auf dem großen arktischen Eismeer, draußen weitab vom Festland, sind die Aussichten, vom Lande leben zu können, nicht größer als die Aussicht, auf dem Gipfel eines Eisberges eine Goldmine zu finden". Bei der Beurteilung dieser Kritik darf aber nicht außer acht gelassen werden, daß hier zum Teil ein Mißverständnis vorliegt. STEFANSSON, der jahrelang über Tundren und Grassteppen der kanadischen Arktis und nur einige Wochen während der Sommerzeit über den Eisfeldern der Beaufort-See wanderte, fand überall genug Getier vor, um seinen Lebensbedarf zu decken; dagegen führten AMUNDSENs Forschungsziele auch durch andere Gebiete der Arktis. Das ist wohl der Grund für diesen Gegensatz in der Beurteilung. Auch die von STEFANSSON geäußerte Ansicht, „die Arktis ist freundlich", gilt nur unter der Voraussetzung, daß der Forscher kundig ist im Aufspüren von Wild und geschickt im Schießen und Fangen. Wir finden eine Ergänzung zu dieser Methode in den interessanten und lehrreichen Mitteilungen von FREDERICK COOK, der mit seinen Eskimos Schlingen und Lanzen anzufertigen verstand, wenn die Munition ausging. Mit ihnen stellten sie nicht nur dem Polarrind und Walroß, sondern auch dem Eisbären nach.

Man darf auch nicht verkennen, daß die Forderungen, die an einen Polarreisenden gestellt werden, weit größer sind als die, mit denen ein sogar sehr tüchtiger Eskimo zu rechnen hat. Die Eskimos jagen, fischen und wandern zu geeigneten Jahreszeiten und benötigen dabei keine Überquerung der Eiswüste Grönlands noch der innerarktischen Einöden. Trotzdem sind Fälle bekannt, daß selbst Eskimos manchmal verhungerten.

Diese Übersicht wäre nicht vollständig, wenn wir nicht den *Anteil der deutschen Gelehrten* an der Polarforschung erwähnen würden. Deutschland hat zwar nicht viele eigene Polarexpeditionen unternommen, dafür aber eine bedeutende Anzahl seiner Söhne an leitenden wissenschaftlichen Stellen in fremden Expeditionen sowie als Förderer der Polarwissenschaften gehabt. So kann wohl TYRKIR (auch DIRK genannt), der um das Jahr 1000 mit LEIF EIRIKSON die Reise von Grönland nach Winland gemacht hatte, als erster deutscher Polarfahrer angesehen werden. Ferner stammt das 1549 in Wien erschienene Werk „*Rerum moscovitarum*" von SIGISMUND VON HERBERSTEIN, dem deutschen Gesandten am Moskauer Hof. Es bringt die ersten Kenntnisse über die Geographie Nordeurasiens und die ersten Anregungen, den Seeweg nach China längs der sibirischen Nordküste zu suchen. Im Jahre 1675 gibt FR. MARTENS in seinem in Hamburg herausgekom-

menen Werk die erste Beschreibung der Natur und Tierwelt
Spitzbergens und Grönlands. In Grönland sind die Bergleute
PFAFF (1783) und GIESECKE (1806) mit geologischen For-
schungen beschäftigt. Sehr viel hat aber die Erschließung
Sibiriens deutschen Gelehrten zu verdanken.

So bereist D. G. MESSERSCHMIDT 1720—1726 das völlig unerforschte
sibirische Gebiet und bringt die erste Kunde über seine Natur und die physikalischen Verhältnisse. Mit BERING zusammen arbeiten P. S. PALLAS,
J. G. GMELIN, G. F. MÜLLER, G. W. STELLER, I. E. FISCHER u. a. Nach
diesen Männern begegnen wir hier wieder einer langen Reihe deutscher
Gelehrten und Seeleute, wie v. KOTZEBUE mit A. v. CHAMISSO, TH. LÜTKE,
v. KRUSENSTERN, ESCHSCHOLZ, LENZ, MERK, M. SAUER, TH. V. WRAN-
GEL, G. V. MAYDELL, A. V. MIDDENDORFF, TH. B. SCHMIDT, K. V. BAER
u. a. In den amerikanischen Expeditionen treffen wir EMIL BESSELS,
A. V. BECKER, F. MEYER, I. A. MIERTSCHING, E. SCHUMANN, B. SEE-
MANN, A. SONNTAG u. a. Island verdankt seine Erforschung, besonders auf
dem Gebiete der Geologie, hauptsächlich deutschen Gelehrten.

Weit mehr haben die *deutschen Förderer* auf den Gang
der Polarforschung gewirkt. Hier ist in erster Linie MARTIN
BEHAIM zu nennen, der um 1500 in Deutschland den ersten
Globus entwarf, nach dem JOHANN SCHÖNER ausführliche
Globuskarten anfertigte. Ferner haben sehr viel zur Verbesse-
rung der Navigation beigetragen: PETER HELE oder auch
HENLEIN, der die Federuhr erfand, und GERHARD KREMER
(MERCATOR), der in der „*Mercator Projektion*" die moderne
Seekarte schuf. Ganz besonders verdient gemacht haben sich
aber KARL FRIEDRICH GAUSS (1777–1855) durch seine allgemeine Theorie des Erdmagnetismus und GEORG V. NEU-
MAYER (1826–1909), der die Arbeiten von GAUSS fortgesetzt hat. Ferner gehört hierher AUGUST PETERMANN (1822
bis 1878), der selbst Kartograph war, aber durch seine Auf-
sätze in den von ihm gegründeten heutigen „*Petermanns Geographischen Mitteilungen*" sowie durch Vorträge und seine
direkten Beziehungen zu Geographen vieler Länder zahlreiche
Anregungen zur Ausrüstung von Polarexpeditionen nicht nur
in Deutschland, sondern auch in England, Norwegen, Rußland und USA. gegeben hat. Auch sein Nachfolger, M. LINDE-
MANN (1823–1908) ist als Polaragitator von Bedeutung gewesen. Nicht unerwähnt darf hier auch CARL WEYPRECHT
bleiben, der 1875 die erste Anregung zu simultanen statio-
nären Beobachtungen während des I. Internationalen Polar-

jahres (1882/83) gegeben hat. Einen sehr großen Einfluß auf den Fortschritt der Polarforschung hatten auch die deutschen Erfindungen des Echolots (A. BEHM), des Sonnenkompasses und vieler anderer Meßinstrumente. Nicht vergessen dürfen hier noch die Nautisch-Wissenschaftliche Abteilung des Oberkommandos der Marine, die Deutsche Seewarte in Hamburg sowie das Institut und Museum für Meereskunde zu Berlin bleiben.

Unter den Werken deutscher literarischer Träger der Polarforschung sind zu nennen: 1. Über den *Verlauf der Forschungsreisen:* von I. R. FÖRSTER (1784), F. v. HELLWALD (1881), K. HASSERT (1914), L. BREITFUSS (1939), E. HERRMANN (1940) u. a.; 2. Über die *Natur der Polargebiete:* L. MECKING (Berlin 1925, New York 1928), H. RUDOLPHI (1926) u. a.

Zum Schluß wird es vielleicht für manchen Leser nicht uninteressant sein zu erfahren, daß sich an der Polarforschung auch *Frauen* aktiv beteiligt haben. Als erste in dieser Reihe steht zweifellos MARIA PRONTSCHISCHTSCHEWA, die 1736 ihren Mann, den Leutnant PRONTSCHISCHTSCHEW, zur Ausführung kartographischer Arbeiten an die Ostküste der Taimyr-Halbinsel begleitete und dort von Skorbut dahingerafft wurde. Dann JOSEPHINE PEARY, die mit ihrem Gatten drei Reisen nach Nordwestgrönland machte und dort 1894 einer Tochter das Leben schenkte. Die beiden Frauen JULIETTE JEAN und HERMINE SHDANKO sind 1912 mit der RUSSANOW- bzw. BRUSSILOW-*Expedition* in die Arktis gegangen und dort verschollen. Auch die Amerikanerin Miß LOUISE BOYD, die schon acht eigene Expeditionen in das europäische Nordmeer geleitet hat, muß hier erwähnt werden. Ferner gehören hierher noch Fräulein MI, die 1906 bis 1908 an der Reise ihres Bruders K. RASMUSSEN nach Nordwestgrönland teilgenommen hat, die zivilisierte Eskimofrau ADA BLACKJACK, die eine bedeutende Rolle in der WRANGEL-Aventure (1921—1923) gespielt hat, sowie NINA DEMME, die teils auf Franz Joseph-Land (1930—1931), teils auf Sewernaja Semlja (1932—1934) überwinterte und biologische Beobachtungen durchführte. Zum Schluß darf hier LADY FRANKLIN nicht unerwähnt bleiben, die rastlos nach Aufschlüssen über die Franklin-Expedition forschte und deren Suchexpeditionen wertvolles geographisches Material nach Hause brachten.

IX. Schlußwort.

Aus den vorangehenden Betrachtungen konnten wir ersehen, daß die Arktis mit den angrenzenden Räumen nicht ein grauenhaftes und wertloses Gebiet darstellt, wo bei eisiger Hoffnungslosigkeit entweder der ewige Tag oder die ewige Nacht herrschen, sondern daß sie infolge ihrer physikalisch-geographischen Natur in folgende unterschiedliche Gebiete zerfällt.

Vor allem haben wir hier zwischen dem etwa 60° und 70°
n. Br. in Eurasien und Nordamerika, nach Abzug der mit
Landeis und Gletschern bedeckten Gebiete, eine weite Zone
für kulturelle Zwecke geeigneten Landes. Die Zone gliedert
sich in ihrem arktischen Teil in Tundren und Graswiesen, im
subarktischen in Wälder und Sümpfe und ist ganz besonders
sowohl für Rentier- und Polarrindzucht als auch für die Züchtung von wertvollen Pelztieren geeignet. Sie birgt auch viele
Erdschätze: Steinkohle, Erze, Asbest, Edelmetalle, Erdöl u. a. m.
Ihre Flüsse sind reich an Fischen. Die Erschließung dieser
Zone braucht nicht allein von Norden aus durch Seerouten zu
erfolgen, sondern kann vor allem durch die nach Norden strö-
menden Flußläufe vor sich gehen.

Ein weiteres für uns sehr nützliches Gebiet bilden die *Rand-
gewässer des Polar-Meeres* und Teile des *Nordatlantik* sowie
des *Bering-* und *Ochotskischen Meeres*. Diese Gewässer werden zu bestimmten Jahreszeiten eisfrei, ermöglichen *Schifffahrt* und ergiebigen *Walfang* und *Robbenschlag* sowie loh-
nende *Hochseefischerei*. Es darf dabei aber nicht erwartet
werden, daß die Nordsibirische Durchfahrt jemals eine ökonomische Bedeutung als Verkehrsstraße zwischen dem Atlantik
und dem Pazifik erlangen wird.

Der restliche, mehr als die Hälfte der Arktis einnehmende
Teil stellt eine *große Eiswüste dar*. Über der Meeresoberfläche
ist dieses Gebiet mit *Packeisfeldern*, über Grönland, Baffin-
Land und vielen Inseln mit *Landeis* überzogen. Hier herrschen ewiger Schnee und Eis und fast ständiger Frost. Diese
Eiswelt eignet sich nicht als Wohnraum für den Menschen,
aber ihr Riesenareal erscheint durch seine geographische Lage
sehr geeignet für den *Luftverkehr* zwischen dem Westen und
dem Osten. Von nachteiliger Bedeutung ist für uns diese
Polareinöde aber als *Kältespeicher*, aus dem in unsere Breiten
Ausbrüche kalter Luftmassen und Verfrachtungen von Eisbergen stattfinden, die unsere *Witterung* bzw. *Schiffahrt* nachteilig beeinflussen. Hier benötigt man vieler Wetterstationen,
auch eine am Pol selbst dürfte nicht fehlen.

Soweit mit kulturellen Erschließungen. Was nun die wissenschaftliche Erforschung der Arktis anbetrifft, so harren selbst

in Küstengebieten trotz sehr intensiver bisheriger Arbeit, besonders seitens der Russen, noch viele Probleme ihrer Lösung. Mit der Erschließung der Innerarktis ist aber kaum begonnen und es gibt noch große *weiße Flecke* auf der Karte (s. Abb. 1).

Erfolgversprechend erscheint hier der Vorschlag·der früheren Internationalen Studiengesellschaft „Aeroarctic", die Arktis durch ein Netz von Beobachtungsstationen ständig zu überwachen. Aber auch die Lösung einzelner Probleme könnte durch koordinierte internationale Zusammenarbeit in rationeller Weise erreicht werden. Von größter Bedeutung ist dabei die *Kontinuität in der Zusammenarbeit,* d. h. eine fortlaufende, über Länder und Generationen sich ausweitende Kette von Forschungsarbeiten.

Es sei an dieser Stelle der sicheren Erwartung und jedenfalls dem heißen Wunsch Ausdruck gegeben, daß Großdeutschland anstatt des in die Brüche gegangenen Privatunternehmens „Aeroarctic" ein tatkräftiges *staatliches Polar-Institut* bekommt, das in der Arktis und in noch höherem Maße in der Antarktis eigene Unternehmungen ausführt und deren Ergebnisse für die Wissenschaft und unsere Wirtschaft ausnützt.

Die Polarforschung möge ferner von der Wissenschaft allein und nicht von Rekordsucht sowie von Sensations- und Abenteurerlust oder Reklame geleitet werden. *Unser oberstes Gebot ist, weiter zu forschen und neue Gebiete der Kulturwelt zu erschließen* in der klaren Erkenntnis, daß die wirtschaftliche Tätigkeit des Menschen zwar im höchsten Grade vom Klima abhängt, daß aber gleichzeitig auch der Fortschritt der menschlichen Kultur in hohem Maße diese Abhängigkeit zu vermindern vermag. Dank seines Intellekts hat der Mensch bereits nicht nur pflanzliche und tierische Organismen von einem Ort des Erdballs zum anderen verpflanzt, seinen Bedürfnissen angepaßt und bis zu einer hohen Stufe kultiviert, sondern auch das Antlitz und infolgedessen auch das Klima seines Aufenthaltsortes bis zu einem gewissen Grade geändert. Der Sieg des Menschen über die Natur ist, wie AMUNDSEN sagt, nicht ein Sieg der brutalen Kraft, sondern ein Sieg des Geistes.

Namen- und Sachverzeichnis.

Breitfuß, Nordpolargebiet.

Springer-Verlag in Berlin.

Additional information of this book

(Das Nordpolargebiet; 978-3-642-89070-3_OSFO) is provided:

http://Extras.Springer.com